我家狗狗靠这本书
健康生活一生

和狗狗一起开饭

[日] 须崎恭彦　监修

魏常坤　译

U0241754

中国轻工业出版社

为了狗狗的健康决定给狗狗做饭，

但是每天做起来恐怕有困难。

做完自己的饭，还要给狗狗做饭，

需要多做好多事情。

一天天的那么忙，几乎没有时间啦。

如果能在给自己做饭的同时，

顺手把狗狗的饭做出来，

就能降低难度啦。

狗狗能吃的食物，

比我们想象的要多。

保证营养平衡，

也不是那么难。

主人和狗狗一起吃同样的食物，

分享吃东西的快乐吧。

不过，有一件事需要注意。

自己动手给狗狗做饭不是给狗狗治病，

而是给狗狗打造健康的身体。

给狗狗改吃自己动手做的饭，

不可能马上改善狗狗的疾病症状，

狗狗也不可能绝对不生病。

自己动手给狗狗做饭的目的是摄入原来缺乏的营养素，

排出体内的毒素，

逐渐变成不易生病的体质。

而且，主人不会因为思想有负担造成压力，

而中断给狗狗做饭。

对于狗狗的健康来说，最最重要的是主人的笑脸。

累了的时候休息休息，

主人和狗狗都能吃得又香又高兴。

我要介绍的就是这样的食谱。

对狗狗的健康来说，最重要的是主人的笑脸

CONTENTS

CHAPTER 1

自己动手给狗狗做饭的基础知识

CHAPTER 2

每天都可以做的经典食谱

 CHAPTER **3**

可预防疾病、消除身体不适的食谱

 CHAPTER **4**

可以快速、轻松完成的快手食谱

 CHAPTER **5**

特别的日子里让人惊喜的纪念日食谱

自己动手给
狗狗做饭的基础知识

虽然狗狗有自己独特的食性和饮食习惯，
但是，只要重要的关键点得到保证，就没有必要过于苛求和严格。
狗狗可以吃的食物品种有很多，而且狗狗是能自己调整自身营养平衡
的动物。
主人不要过于紧张，享受一下狗狗和自己吃一样饭菜的乐趣吧。

一眼看懂狗狗必需的食材比例

利用食材速查表检查是否做到营养平衡

给狗狗做饭可以利用的食材大致分成肉、谷物、蔬菜、油脂、调味品五大类。
下图是一条体重5千克的成年犬一天所需各类食材分量的标准。体重在5千克以上的狗狗，
请按照下一页的换算指数表换算并计算分量。

*按照这个比例开始，然后根据狗狗的体重变化情况进行调整。

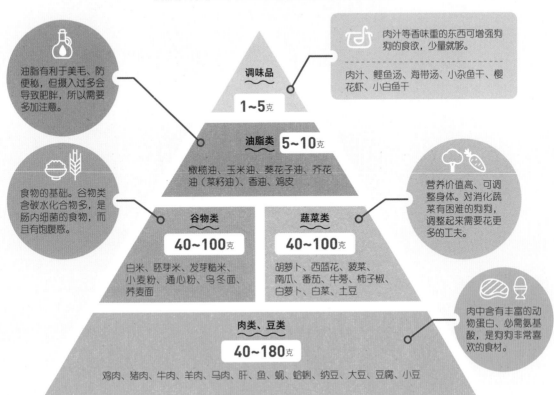

油脂有利于美毛、防便秘，但摄入过多会导致肥胖，所以需要多加注意。

肉汁等香味重的东西可增强狗狗的食欲，少量就够。

肉汁、鲣鱼汤、海带汤、小杂鱼干、樱花虾、小白鱼干

调味品
1~5克

油脂类 5~10克

橄榄油、玉米油、葵花子油、芥花油（菜籽油）、香油、鸡皮

食物的基础。谷物类含碳水化合物多，是肠内细菌的食物，而且有饱腹感。

营养价值高、可调整身体。对消化蔬菜有困难的狗狗，调整起来需要花更多的工夫。

谷物类
40~100克

白米、胚芽米、发芽糙米、小麦粉、通心粉、乌冬面、荞麦面

蔬菜类
40~100克

胡萝卜、西蓝花、菠菜、南瓜、番茄、牛蒡、柿子椒、白萝卜、白菜、土豆

肉中含有丰富的动物蛋白、必需氨基酸，是狗狗非常喜欢的食材。

肉类、豆类
40~180克

鸡肉、猪肉、牛肉、羊肉、马肉、肝、鱼、蚬、蛤蜊、纳豆、大豆、豆腐、小豆

■ 不知道狗狗该吃多少时在这里确认

与狗狗体重相适应的食物量

给狗狗做饭时，首先让人烦恼的是该给狗狗吃多少。

如果给狗狗吃狗粮，包装袋上有喂食量标准。

但自己动手做饭就没有标准可循了。

那么就学习一下狗狗食物量的计算方法吧。

选择适合自家狗狗的食谱

本书中的食谱是以体重5千克的狗狗为标准来设计的。不同品种的狗狗，其体重差异很大。而且，即使是同一品种的狗狗，体重也不会完全一样。因此，必须根据自家狗狗的体重调整食物的量。参考第9页的体重换算指数表，就能算出自家宝贝每日的食物量。

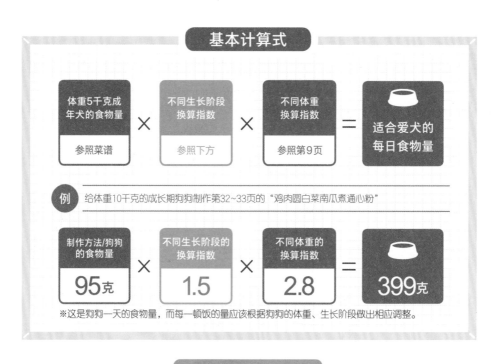

基本计算式

| 体重5千克成年犬的食物量
参照菜谱 | × | 不同生长阶段换算指数
参照下方 | × | 不同体重换算指数
参照第9页 | = | 适合爱犬的每日食物量 |

例 给体重10千克的成长期狗狗制作第32~33页的"鸡肉圆白菜南瓜煮通心粉"

| 制作方法/狗狗的食物量
95克 | × | 不同生长阶段的换算指数
1.5 | × | 不同体重的换算指数
2.8 | = | 399克 |

※这是狗狗一天的食物量，而每一顿饭的量应该根据狗狗的体重、生长阶段做出相应调整。

不同生长阶段换算指数

| 断奶期 2.0 | 成长期 1.5 | 成年犬期 1.0 | 老年犬期 0.8 |

※小型犬、中型犬、大型犬的区别尚无正式定义。本书暂且以一般情况为标准，易于区分不同体重。

小型犬
迷你达克斯犬、吉娃娃等

体重（千克）	换算率
1	0.3
2	0.5
3	0.7
4	0.8
5	1.0
6	1.1
7	1.3
8	1.4
9	1.6
10	1.7

中型犬
纪州犬、小猎兔犬等

体重（千克）	换算率
11	1.8
12	1.9
13	2.0
14	2.2
15	2.3
16	2.4
17	2.5
18	2.6
19	2.7
20	2.8
21	2.9
22	3.0
23	3.1
24	3.2
25	3.3
26	3.4

大型犬
萨摩耶、金毛巡回犬、圣伯纳犬、牧羊犬等

体重（千克）	换算率	体重（千克）	换算率
27	3.5	59	6.4
28	3.6	60	6.4
29	3.7	61	6.5
30	3.8	62	6.6
31	3.9	63	6.7
32	4.0	64	6.8
33	4.1	65	6.8
34	4.2	66	6.9
35	4.3	67	7.0
36	4.4	68	7.1
37	4.5	69	7.2
38	4.6	70	7.2
39	4.7	71	7.3
40	4.8	72	7.4
41	4.8	73	7.5
42	4.9	74	7.5
43	5.0	75	7.6
44	5.1	76	7.7
45	5.2	77	7.8
46	5.3	78	7.8
47	5.4	79	7.9
48	5.5	80	8.0
49	5.5	81	8.1
50	5.6	82	8.1
51	5.7	83	8.2
52	5.8	84	8.3
53	5.9	85	8.4
54	6.0	86	8.4
55	6.0	87	8.5
56	6.1	88	8.6
57	6.2	89	8.7
58	6.3	90	8.7

没必要严格计算食物量

　　食物量说到底只是一个死标准，实际上还应根据狗狗当日的活动情况和健康状况灵活地进行调整。犬种、年龄、体型大小就不用说了，狗狗和人一样，当日的身体状况、运动量、自己的体质等也会引起食物量的变化。例如，运动量大的那天食物量要增加、没怎么运动那天则要减少。对于肥胖体质的狗狗也是一样的。整体上保持平衡就行，不必搞得那么死板。

PART 2

了解不同品种狗狗的成长速度

不同品种狗狗生长阶段表

不同品种的狗狗，生长速度有所不同。
在确定狗狗的食材种类和食物量时，生长阶段特征也是重要因素。
生长阶段与狗狗的体能、疾病等也有关系，所以应准确掌握。

	出生后	3周	8周 （2个月）	28周 （7个月）

小型犬 ——3~10千克

生长速度最快，出生后约9个月就成长为成年犬。特征是成年犬期长，老年犬期短。平均寿命为13~15岁

犬种
迷你腊肠犬、吉娃娃、西施犬、设德兰牧羊犬、柴犬、小长卷毛犬、博美、马尔济斯、约克夏等

哺乳期	断奶期	成长期
眼睛、耳朵的机能不完善，排泄也需要母犬或人用手帮助		4~5个月时快速成长。食量也渐渐增加

中型犬 ——10~25千克

出生后约1年就成长为成年犬。特征是成长期比小型犬长，成年犬期比小型犬短。平均寿命为12~14岁

犬种
威尔士柯基、纪州犬、虎头梗、法国长毛狮子犬、小猎兔犬、矮脚猎犬、西班牙长耳犬等

哺乳期	断奶期	成长期
哺乳期、断奶期和小型犬一样		成长期的运动量也关系到日后的健康。中型犬、大型犬每次散步的时间应该在30分钟以上

大型犬 ——25千克以上

特征是成长期长达1年以上。和小型犬、中型犬相比，成年犬期更短，更早进入老年犬期。平均寿命为10~12岁

犬种
萨摩耶犬、金毛巡回犬、爱尔兰塞特犬、英格兰牧羊犬、圣伯纳犬、牧羊犬、拉布拉多、哈士奇、虎犬（马耳他田狗）等

哺乳期	断奶期	成长期
和小型犬、中型犬相比，成长速度稍慢		和小型犬、中型犬相比，身体是慢慢长大的

关于牙齿的生长期

狗狗出生后3周左右，乳牙开始萌出。5~7个月时，所有牙齿都换成恒牙。
牙齿刚长出来的时候，狗狗似乎会觉得牙齿不舒服，会出现爱咬东西的现象。

3~4周时	**4~5周时**	**6~12周时**	**3~5个月时**	**4~6个月时**	**5~7个月时**
犬齿和前臼齿的乳牙萌出，狗妈妈给小狗断奶。	前齿的乳牙开始萌出。	所有的乳牙都出齐了，共28颗。	切齿和犬齿的乳牙换成恒牙。	前臼齿也换成恒牙。	最后，后臼齿也换成恒牙。总共约42颗恒牙全都长齐了。

36周 （9个月）	1岁	1岁 4个月	1岁 8个月	5岁	7岁	8岁	9岁 以后

成年犬期　　　　　　　　　　　　　　　　　　　　　　　　　　　　　　**老年犬期**

狗狗2岁相当于人类的24岁。从第3年开始，1年相当于人类的4年

狗狗进入老年犬期之前，应维持体重和体型不变，才能保持健康

小型犬的8岁大约相当于人类的50岁

成年犬期　　　　　　　　　　　　　　　　　　　　　　　**老年犬期**

狗狗2岁相当于人类的18岁。从第3年开始，1年相当于人类的5年

中型犬的7岁相当于人类的50岁

成年犬期　　　　　　　　**老年犬期**

狗狗1岁相当于人类的12岁。从第2年开始，1年相当于人类的7年

成年犬期短暂，应注意狗狗生活方式的变化

大型犬的5岁大约相当于人类的40岁

※2019年，日本法律规定，宠物店、繁殖者（犬舍）等繁殖的幼犬，出生49天后才能离开狗妈妈。

PART 3

■ 记住给爱犬吃健康发育必需的饭食

狗狗各个生长阶段的饮食关键点

宠物主人从宠物店、犬舍接回家的幼犬，几乎都处于刚断奶、刚进入成长期的时期。

下面讲讲从断奶期开始到老年犬期之前的成长阶段，狗狗饮食方面的关键点、应该注意的地方。

断奶期

虽然狗狗与狗狗之间有个体差异，不过基本都是在出生后约3周时结束哺乳期。

宠物主人应当根据狗狗发育的具体情况、对食物的兴趣，伺机换成断奶食品。

1 断奶食品应该是柔软的奶酪状食物

狗宝宝长牙后，狗妈妈会给它断奶，用牙将食物嚼碎嚼软后喂给狗宝宝吃。若狗宝宝由主人喂，则应将食物做成奶酪状，作为狗宝宝的断奶食品。家里有食物料理机会方便一点。做好后用勺子将狗宝宝的嘴撑开，将食物放在狗宝宝的舌头上。

2 以每天吃四五顿为标准

虽说有标准，但实际喂养时还应根据狗宝宝的具体情况来定。这时的狗宝宝虽然已经开始长乳牙，但消化功能还不够完善，若一次吃得太多，就可能消化不良，出现腹泻等问题。如果这个时期吃的食品品种太杂，有可能造成过敏体质。断奶期将母乳和犬用奶粉搭配食用，有利于消化和吸收。

3 狗狗的断奶食品应该从牛肉末开始

狗宝宝断奶时推荐最先给它吃易消化、易吸收的牛肉末。狗狗的体质、消化功能、发育情况各不相同，有的狗宝宝可能接受不了，可先给它喂少量的熟牛肉末，再根据它的情况一点一点地加量。还可以试着给它吃一点蔬菜糊、煮软的谷物等。观察它的大便，如果是成形且有硬度的"好大便"，就表示它能完全消化所吃的食物。

4 3~12周时建立饮食生活基础

狗宝宝出生3~12周时，进入"社会化期"。它从周围接受各种刺激、学习各种东西，为将来打下基础。它可能对初次体验感到害怕，但最终都能克服。同样的，这个时期吃到的食物将对它以后的饮食生活产生影响。如果这时只给它吃某种特定的食物，那么它以后也只吃这一种食物。所以要给它吃各种各样的食物，让它以后不挑食。

断奶期的自制狗饭 这个时期请给狗宝宝吃粥或者糊状的断奶食品。本书中介绍的食谱，请在断奶期结束后再做给狗狗吃。

为了让狗狗长出结实的牙齿

5 养成刷牙的习惯

健康的牙齿对狗狗来说非常重要。应该尽早给它养成刷牙的习惯。对狗狗来讲嘴是敏感部位，等它长大后，若突然某一天要碰它的嘴，它是几乎不会接受的。啃骨头、嚼磨牙专用咬胶只能清除牙垢，难以清除细小的食物残渣。而彻底清洁牙和牙龈之间缝隙，对预防牙周病来讲是非常重要的。

6 增加咬硬东西的机会

想练就一副强有力的下颌和牙齿，咀嚼是非常重要的。狗狗小时候咬硬东西的机会越多，长出的牙和牙龈就越结实有力。经常给它一些玩具、骨头、牛皮、羊蹄，让它经常有东西可啃。如果狗狗小时候没能养成啃咬硬东西的习惯，长大成年后也无法很好地啃咬骨头、咬胶等硬东西。有的狗狗可能出现少牙等问题，应带狗狗去宠物医院咨询宠物医生。

1 成长期的狗狗要多喂

没有必要因为狗狗看起来个头小就控制它的食物量。成长期的狗狗每1千克体重所需的营养是成年犬的1.2~2倍。此时，狗狗牙齿即将长齐，能吃很多各种食物，可以让它尝试各种尚未吃过的肉。以强健筋骨和肌肉为基础的壮实身体离不开优质的动物蛋白。

2 给狗狗吃富含蛋白质的营养食物

健壮的身体需要蛋白质。肉类中富含的蛋白质是构成狗狗机体的重要营养素。蛋白质、脂肪、碳水化合物产生的热量是运动及维持生命不可或缺的动力源。此外，还应加入含有可调整身体状态的维生素、矿物质的食材，保证营养平衡。

成长期

成长期是狗狗长身体的重要阶段。应根据狗狗快速长高长大的身体状况来决定吃的量和营养搭配。

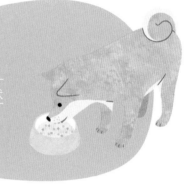

3 将每天的食物分成小份喂狗狗

成长期狗狗食欲旺盛，但消化器官尚未成熟，如果一次吃太多会不消化，因此每天应少吃多餐。每天吃几顿饭的标准是：小型犬，出生后2~3个月为4顿，3~6个月为3顿，6~12个月为2顿；中大型犬，出生后2~3月为4顿，3~9个月为3顿，9个月~2年为2顿；体型大的大型犬，成长期短，所以在调整每天吃饭顿数时应该比小型犬的调整更缓慢。

4 给狗狗吃含有植物蛋白的食物时要多费点工夫

蛋白质分为肉类中所含的动物蛋白和谷物、豆类中所含的植物蛋白。狗狗应多吃动物蛋白。虽然狗狗是杂食性动物，但它最早是肉食性动物，所以消化植物蛋白时有一点困难。狗狗进入成长期后，身体外观逐渐接近成年犬，但消化器官还没发育成熟，所以给它吃含植物蛋白的食物时，应该煮软、切小块，或者做成糊状，以便消化。

5 看腰身检查狗狗的肥胖度

虽说狗狗成长需要很多营养，但吃得过多也会导致肥胖。在吃多一点或者少一点体型都容易发生变化的成长期，有可能因营养过剩而肥胖。因此，了解狗狗适中的正常体重是多少，每天测体重同时检查体型也同样重要。从狗狗的正上方往下看，如果腰身变得有点看不出来了，就表示有一点肥胖；如果完全没有腰身了，就表示已经肥胖了。狗狗一旦出现肥胖的苗头，就要调整每天的饭量和运动量。

6 成形的大便是狗狗身体健康的标志

如果狗狗的食物量少，且膳食纤维摄入量偏少，大便就会变硬；反之，则大便变软。最好的大便应该是成形的，用纸巾捡大便时，地面上没有大便印渍。大便过硬时，可以增加狗狗食物中的膳食纤维量加以改善，但富含膳食纤维的食材较难消化，应煮软或做成糊状。另一方面，若狗狗的大便很软，看起来呈一摊的话，有可能是消化不良，应给狗狗吃更易消化的食物。

7 没必要过度依赖营养品

狗狗成长期需要很多的营养素，因此市面上有很多的营养品出售。营养品并非不好，但是与依赖于营养品相比，给狗狗吃用各种各样新鲜食材做成的营养平衡的饭食更重要。对健康的身体而言，只吃某种特定的食物，靠营养品补充缺乏的营养素会助长狗狗偏食。而且，狗狗成长所需的碳水化合物、脂肪、蛋白质在正常的饭菜中不足的情况几乎很少，所以，是否需要补充营养品这件事应当三思而行。

8 让狗狗体验吃的快乐

从断奶期开始的社会化期还会继续下去，这个时期经历过的事对狗狗性格的形成有很大影响。首先，让狗狗从小体验"喜""怒""哀""乐"等各种经历，让狗狗不害怕各种新体验。而且，在"快乐"之余保持好奇心，能接受变化并顺应变化。吃的体验对狗狗性格的形成也是一种重要刺激。所以请在保证摄入足够热量的前提下，让狗狗多尝试新食物。

9 让狗狗接受不喜欢的食物

对食物，狗狗和人类一样，有喜欢的、也有不喜欢的。如果只吃某些特定的食物，喜欢的、不喜欢的太多了，就会出问题。偏食不仅影响成长期所需营养的摄取，还可能危害健康。所以，让狗狗一点一点地习惯不喜欢的食物，偶尔不给狗狗吃饭，帮助狗狗克服挑食的毛病也很重要。否则，等狗狗的身体不好时，再给它吃营养丰富的饭，它可能也吃不下去了。

1 触摸狗狗的身体，检查狗狗的体型

成长期结束之后，为避免狗狗过胖或过瘦，应仔细检查体型。因为狗狗的骨量、肌肉量都有个体差异，所以不仅要称体重，还要检查体型是否符合标准。检查狗狗体型有三个地方要注意。

❶ 摸背脊，格棱格棱的，有骨感。

❷ 摸肋腹，能感觉到肋骨的凹凸。

❸ 从正上方往下看，能看到从胸到腰的由粗变细。

2 饭量应该慢慢地减少

狗狗进入成年犬期后，如果吃的还和成长期一样多，就会出现肥胖问题。"成长期终于结束啦"，进入成年犬期后，对食物量就要调整啦。但是，也不能骤然减量，建议在狗狗没有饥饿感的前提下，慢慢地、一点一点地减。即使狗狗还想吃，也不能轻易给它。

成年犬期

这个时期，让狗狗保持体型是最最重要的。不仅要注意饮食，还要注意运动量。

3 吃得太多时，靠运动来调整

如果不小心给狗狗吃得过多，可以减少第二天的食物量。也可以增加散步量，或者在公园里玩一玩，借此消耗热量。特别是达克斯犬、柯基犬等原来的狩猎犬、牧羊犬，不论运动量大小，只要吃得太多就容易肥胖。而且，由于消化器官休息时间太短，还可能引起胰腺炎、糖尿病等各种各样的问题。

4 检查便便的硬度和气味

狗狗的健康也表现在便便上。身体状态不好时，不仅便便的硬度有变化，气味也会变。所以还应检查便便的气味是否和平时不一样。狗狗每天的大便次数应该和吃饭的顿数一致。大便又细又软、腹泻持续3天以上、出现血便等异常情况时，应立即带狗狗去宠物医院检查大便。去医院时，别忘了将狗狗的大便装在塑料袋里一并带去。

5 尿液的颜色变深时要注意

健康狗狗的尿液颜色是浅黄色。尿液颜色变深，除了可能是饮水不足之外，还有可能是泌尿器官发生了感染。若饮水量增加后，尿液的颜色仍然不变，请及时向宠物医生咨询。只要感觉和平时不一样，请注意之后的细节变化，并与宠物医生多沟通。擅自独断，认为没关系，放任不管是最危险的。

6 别漏掉身体状态不好的信号

在自然界中，让天敌知道自己身体不适是大忌，因此狗狗天生会掩盖自己不舒服的实事。而因为主人忽略狗狗发出的身体不适小信号，造成病情被延误的事例也不少。所以，一旦感觉狗狗的情况反常，就要检查狗狗的饮食量和排泄物。如果出现极端变化，应及时和宠物医生沟通。

7 营养品的问题应和宠物医生商量

因为狗狗偏食而需要用营养品补充矿物质、维生素等营养素时，或者要用营养品控制疾病或者介意的症状时，最好先跟宠物医生沟通和咨询。重复使用多种成分相同的营养品，有可能造成过量摄入。所以，狗狗主人不能单凭自己的主观判断就给狗狗吃营养品。

8 将狗狗喜欢吃的食物和不喜欢吃的食物混在一起

狗狗对食物也有自己的喜欢和不喜欢。如果狗狗不喜欢吃某些蔬菜，没有必要勉强它。但是，如果所有的蔬菜都不喜欢吃，就容易发生营养方面的问题。这时可以试一试将它不喜欢的食材切碎后，和它喜欢吃的食材混在一起，并撒上脱脂奶粉、奶酪渣等它喜欢吃的香味食材，然后给它吃。不要硬逼着狗狗吃它不喜欢的食物，最重要的是想办法、下功夫做得好吃一点。

9 扩大食材范围，享受更多食材

进入成年犬期后，狗狗的身体已经长成，可消化的食物也越来越多。在断乳期初期，因为热量的原因，我没有推荐让狗狗吃各种各样的食物。成年后，就可以给它吃各种各样的食物了。狗狗是杂食性动物，人类能吃的食物，它几乎都能吃（也有例外，参见第24~25页）。但是，并不是人怎么吃，狗狗就怎么吃。别忘记给它做狗狗专享饭食。

1 狗狗食欲不减时要警惕肥胖

狗狗年龄增大后，运动量减少，所需热量也随之减少，食欲必然也跟着下降。如果狗狗的体重并没有急剧下降，就不需要担心。但是，有些狗狗食欲一如既往，并无自然下降，就容易肥胖，所以必须多加注意。为了维持健康的体型，每日的检查必不可少，一定要切实管理好。检查的方法请看本书第16页。

2 肥胖增加手术的危险

狗狗和人类一样，年龄增大，进入老年后，伤病会增多。因伤病而接受治疗时，和普通狗狗相比，肥胖狗狗将承受更大的风险。手术时使用的麻醉药具有可溶于脂肪的特性，所以给肥胖狗狗的用量会更大一些，因此，手术后狗狗苏醒过来所需的时间会更长，发生事故的危险性亦增加。

老年犬期

老年犬的运动量变少，因此要注意肥胖的问题。从另一方面来说，运动机能低下将造成肌肉减少，变瘦。虽然狗狗开始老去，但是没有必要将饭食都换成软烂的。

3 即使饭量减少也要保证饮水量的充足

老年犬除了食欲下降，饮水量也会减少。大便变硬，甚至出现便秘，就可能是饮水不足造成的。而要排除身体里的废物，必须摄入充足的水分。所以，给狗狗吃含水分多的饭食，让狗狗多饮水，预防脱水很重要。

4 确认脱水症状

有一个确认狗狗是否脱水的简便方法。用手抓一下狗狗脖子后面的皮肤，迅速抓起来拉离其身体远一点试一试。正常情况下，1~2秒就能恢复原状。如果超过2秒还没有恢复原状，就有可能是脱水了。每天检查狗狗喝了多少水，也是防止其脱水的关键。狗狗不喝水的时候，可以在饮用水中加点它喜欢的味道，如鱼汤、肉汤，想办法吸引它多喝水。

5 生活方式与狗狗的年龄无关而要与其身体状况相适应

没有必要因为狗狗进入老年就用极端的方式改变生活。狗狗体力尚好时，可以继续保持以前的生活状态。走路、吃饭是健康的晴雨表，最重要的是关注狗狗发出的信号。例如，狗狗走路时在路边坐下休息、吃饭时剩饭、呕吐时，就需要缩短散步的距离、减少喂食量、换成别的更易于消化的食物等。应根据狗狗的身体状况来调整其生活方式。

6 加强饭食要易消化的意识

如果狗狗出现消化能力下降、咬力下降、唾液分泌量减少等情况，就要下功夫给它制作易于消化的饭食。没必要和成年犬时期有很大变化，只要注意以下四点就可以了。

❶ 饭食要软烂。
❷ 减少每顿的食物量。
❸ 增加饮食中的水分含量。
❹ 膳食纤维含量高的蔬菜要加热、煮软。

7 在饭食上下功夫提高免疫力

有人说狗狗年龄大了之后免疫力会下降，其实，正确的说法是，"支撑免疫力的体力"下降了。很多有提升免疫力效果的营养品里都含有β-葡聚糖的成分。β-葡聚糖是一种存在于香菇、木耳等食物中的膳食纤维。将木耳切碎，用水煮，然后煮成汤汁拌饭也能摄取到这一有效成分。营养品虽可迅速摄取营养素，很方便，但并不是说狗狗进入老年就一定要吃营养品。如此这般在饭食上下点功夫就够了。

8 狗狗消瘦、食欲差时用香味刺激

当小肠、大肠运动功能下降时，狗狗自己就开始限制自己的食物量了。如果狗狗过瘦，皮包骨了，就有问题了。狗狗食欲差时，可以将食物稍微加热一下，增加香味；也可以拌入海带汤、鱼汤、肉汤，撒上调味品，想办法刺激食欲。此外，高蛋白质、低脂肪的肉有助于增加肌肉，建议多给狗狗吃一些。

9 食物的大小应该是狗狗一口就能吃下去

和人用大牙将食物嚼碎不同，狗狗用门牙将食物咬断后就直接吃下去了。当狗狗年龄增大，进入老年后，撕咬力变弱，吃东西都是大块大块往下吞，这就增加了肠胃的负担。因此，主人应该将食物加工成不咬不嚼就吃下去也没问题般软烂、切成一口就能吃下去的大小后再给狗狗吃。

◩ 能和人一起吃

狗狗也觉得好吃的食材

只要对狗狗不能吃的食物多加注意，狗狗能吃的食物其实挺多的。下面分类介绍一下可给狗狗吃的食物。给狗狗做饭时，基本上都是常温的。如果食物太热的话，狗狗容易被烫伤；如果食物过冷的话，又容易吃坏肚子。

1

谷物类

虽说碳水化合物不是狗狗的必需营养素，但可以增加饭食体积，有饱腹感，还能给肠道细菌提供食物。狗狗吃谷物类食物不容易消化，所以刚开始应将谷物类食物煮软后一点一点地喂。有一种极端的说法是"狗狗的身体构造不适合吃谷物类食物，所以不能给狗狗吃谷物类食物"。其实它的意思是狗狗吃了生米、生面会不消化。做熟的米面，狗狗吃了是能消化的，可以放心地吃。

白米

白米饭必须放至比人的皮肤温度更低时才能给狗狗吃。用海带汤之类的拌一拌，煮软后再给它吃，更利于消化，还能摄入充足的水分。

糙米

糙米中的膳食纤维含量丰富，推荐在狗狗便秘时给它吃。糙米所需的消化时间比较长，所以做熟后还应该煮软，或做成糊糊状，再给它吃。

面包

面包应该切成一口大小后再给狗狗吃。市面所售的蒜香面包、果子面包，味道浓、添加剂多，不宜给它吃。

空心粉

煮之前，应该将空心粉剪成狗狗方便吃的长度。空心粉的含盐量较高，煮的时候可不放盐。

乌冬面

乌冬面易于消化，肚子不舒服时最适合吃它。如果觉得咬起来费劲，可以用剪刀将面剪断后再给狗狗吃。

荞麦面

给狗狗吃荞麦面基本上没问题，刚开始应该只给几根试一试，确认没有呕吐、腹泻等过敏反应。

大豆

大豆（黄豆、黑豆、青豆）富含优质蛋白质，但是大豆颗粒大，不易消化，宜用水煮熟煮软后剁碎，做成糊糊状，再给狗狗吃。

2

肉

肉是蛋白质的主要来源。肉不用调味，鱼将小刺小骨剔出，切成一口大小，就能给狗狗吃。不过，肉吃得太多容易肥胖，所以要注意别给它吃得太多了。

牛肉

牛肉富含蛋白质，特别是有助于钙质吸收的赖氨酸。将整块牛肉切碎后，非常容易消化，最适合当狗狗的断奶食品。

猪肉

猪肉富含维生素B_1，维生素B_1有助于碳水化合物分解。生猪肉可能造成狗狗食物中毒，所以，一定要加热做熟后再给它吃。

鸡肉

鸡肉容易消化，特别是鸡胸肉，蛋白质含量高，脂肪含量低。鸡皮中脂肪含量过高，所以，应该将鸡皮去除后再给狗狗吃。

羊羔肉

羊羔肉中富含B族维生素，B族维生素能有效促进蛋白质、碳水化合物、脂肪的代谢。此外，羊羔肉是胆固醇含量低的食材。

肝

肝富含能防止贫血的成分——铁、能提升免疫力的维生素A。狗狗吃肝有食物中毒的危险，所以必须加热做熟后再给狗狗吃。

青甘鱼

青甘鱼肉富含EPA（二十碳五烯酸），可以将鱼肉加工成生鱼片给狗狗吃。

鲑鱼

鲑鱼富含易于消化的蛋白质。最好给狗狗吃没有腌制过的、原味的。

金枪鱼

金枪鱼瘦肉的脂肪含量低，蛋白质含量高，热量低，还富含对大脑有活化作用的DHA（二十二碳六烯酸）。若狗狗贫血，推荐吃脊背发黑部分。

竹荚鱼

竹荚鱼肉中含有促进脂肪燃烧的成分，所以对减肥有效。给狗狗吃之前，应该将鱼骨剔干净。竹荚鱼干中的盐含量高，不宜给狗狗吃。

贝类

贝类的肉中富含对缓解疲劳有效的牛磺酸。将贝肉从贝壳中取出，扇贝等个头比较大的应先切成一口大小，再给狗狗吃。

蛋

蛋的营养价值高，值得推荐。但是，狗狗的体质有个体差异，有的狗狗可能对蛋过敏，需要加热做熟后才能吃。标准是每周吃一次。

蔬菜类

蔬菜的营养价值高，是狗狗维持身体健康不可或缺的食物。可将蔬菜切小切碎，用勺子背压碎、弄软后再给它吃。

南瓜

南瓜中钙的含量高，而钙有助于钠的排出，可预防高血压。南瓜加热后味道甘甜，是狗狗非常喜欢的食物。

菜花

菜花中的膳食纤维含量高，能促进肠内废物（宿便）的排出。应该将菜花分割成方便食用的小朵，煮熟后给狗狗吃。

圆白菜

圆白菜富含维生素和膳食纤维，但它们都不耐高温，所以建议给狗狗吃生的。可切成一口大小或者剁碎后给它吃。

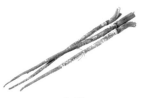

牛蒡

牛蒡的主要成分是膳食纤维，对改善便秘有效。将牛蒡切成薄片，晒干，去除涩味后，煮熟或者做成糊状后给狗狗吃，更容易消化。

白萝卜

白萝卜中含有可调整肠胃功能的淀粉酶。没有食欲时，推荐食用白萝卜。可以切成一口大小或者擦成泥后给狗狗吃。

番茄

番茄中含有抗氧化成分——番茄红素，而且水分含量高。青番茄对狗有害，不能吃，只能给它吃完全成熟的果实。

胡萝卜

胡萝卜富含β-胡萝卜素，β-胡萝卜素在体内转化成维生素A，有助于维持免疫力。煮过的胡萝卜味甜，狗狗非常爱吃。

白菜

白菜的水分和膳食纤维含量丰富。狗狗脱水时，推荐吃白菜。白菜中的营养素易溶于水，所以应将煮白菜的水和白菜一起给它吃。

柿子椒

柿子椒富含维生素C，有助于吸收血液所需的铁。生柿子椒比较硬，辛辣味比较重，所以应加热做熟后再给狗狗吃。

西蓝花

西蓝花富含维生素、矿物质、膳食纤维。可将西蓝花分割成小朵，煮软后，不放盐，直接给狗狗吃。

菠菜

菠菜中铁的含量高，对预防贫血有益。但是，菠菜中含有易于导致结石的草酸，所以，一定要先用水焯一下后再给狗狗吃。

红薯

红薯具有调整肠内环境的功效。加热后的红薯味道甘甜，非常好吃。除了蒸着吃，还可以烤或者煮。

土豆

土豆含有丰富的淀粉，易于消化。建议切成一口大小，煮熟、炒熟后给狗狗吃。也可以做成土豆泥。

金针菇

金针菇含有维生素B$_1$和维生素B$_2$。必须将金针菇加热做熟后再给狗狗吃。

4

油、调味品

为了美毛、防止便秘，给狗狗吃适量的油脂也是必要的。汤类里面可利用海带、香菇等增加风味，让狗狗多喝点汤，补充水分。

橄榄油

橄榄油是富含不饱和脂肪酸的食材，能降低胆固醇。适量添加，可增加风味。

香油

香油香气浓郁，有增进食欲的作用。香油含有可降低胆固醇的亚油酸，还有预防高血压的功效。

海带

海带富含矿物质和可调整甲状腺功能的碘。可将海带加工成粉后撒在食物上，还可以煮透后切成小块给狗狗吃。

小杂鱼干

狗狗非常喜欢小杂鱼干的香味。如果狗狗将鱼整条吃下去，有可能伤到狗狗的咽喉，所以，应切细切碎或者煮软后再给狗狗吃。

干香菇

干香菇富含膳食纤维，泡发后做熟给狗狗吃，对改善便秘有效。用泡发香菇的水来煮小杂鱼干，还能让狗狗喝到美味的汤，补充水分。

OTHER

其他适合给狗狗吃的食物

☑芝麻	☑豆渣	☑姜	☑蜂蜜	☑椰奶
☑麦片粥	☑羊栖菜	☑姜黄	☑熟黄豆粉	☑淀粉
☑味噌	☑海苔	☑香芹	☑无糖酸奶	☑明胶
☑豆腐	☑粉丝	☑薄荷	☑豆浆	

◪ 不给狗狗的健康以不利影响

狗狗不能吃的食物

人能吃的食物，狗狗大部分都能吃。但是，有些食物，对人很有营养价值，但是对狗狗则是很危险的。还有一种情况是，虽然我们知道某种东西狗狗不能吃，不会有意识给狗狗吃，但是有可能在我们没注意的时候，被狗狗吃了，所以一定要保管好。

NO 巧克力

巧克力中含有可可碱，会导致狗狗呕吐、腹泻，严重的会休克。最极端的情况是引发急性心功能不全，失去生命。所以，我们没吃完的巧克力一定要收好，避免被狗狗误食。

NO 咖啡等

[咖啡、红茶、绿茶、抹茶、可可等]

这类饮品即使狗狗只摄入少量，也有可能中毒。症状是：心律失常、痉挛、极度兴奋、全身淤血或者出血。如果狗狗已经食用，应迅速带狗狗去宠物医院，或者联系宠物医生听其建议。

NO 葱类

[洋葱、大葱、韭菜等]

葱类食材中含有破坏狗狗体内红细胞的物质，会引发贫血，即使加热也不会改变对身体的危害。如果不是经常食用，不会造成死亡，但是会引发呼吸困难、衰弱、呕吐等症状。

NO 骨头等尖锐的东西

[加热过的骨头、鱼骨、生的兽骨等]

骨头直接咽下去，有可能划伤狗狗的咽喉、肠胃等。加热后的骨头特别脆，特别容易断裂，尖锐的断面更容易让狗狗受伤。

NO 味浓的食物

[夹心面包、火腿、
培根、拉面等]

　　蔬菜中所含的盐比较少，狗狗吃了也没什么问题。但是，调过味的食物就不能给狗狗吃了。狗狗体内盐分太高，将导致血液变黏稠、心脏负担增大，甚至还有可能导致高血压、心脏病。

NO 香辛料

[胡椒、辣椒、芥末等]

　　香辛料的香味和刺激性都很强烈，狗狗吃后有可能因为胃部受到刺激而腹泻。这种情况下，不要用药物止泻，而是要让它把刺激物彻底排泄干净，以免引发其他的疾病。

NO 点心

[蛋糕、曲奇、炸薯片、
棉花糖、口香糖等]

　　狗狗和人类一样，也喜欢吃甜甜的点心等食物。但是，吃点心容易导致肥胖、糖尿病、虫牙等问题。

NO 发芽的土豆

　　发芽的土豆中含有龙葵素，可作用于神经，引起呕吐、腹泻、头晕等症状。食用前要仔细地将发芽的地方挖掉。土豆发绿的地方也含有龙葵碱，也应削掉。

实际上狗狗可以吃的食物

人们通常以为狗狗不能吃的食物中，也有一些是以讹传讹的错误信息。下面就介绍一下这方面的内容。

实际上易于消化的甲壳类

[生墨鱼、甲壳类]

　　很多人都说生墨鱼、章鱼、甲壳类是狗狗不易消化的食物。实际上，这些东西对狗狗来讲都是很容易消化的。特别是生墨鱼，据说狗狗的消化率超过了90％。

生鸡蛋清也能吃，没问题

　　有一种说法，生鸡蛋清中含有一种卵白素，有可能引起狗狗皮肤炎症。但实际上，只有当狗狗长期、大量地摄入时才会出现这种情况。少量的话是不会有问题的。若担心发生这种情况，可将蛋清和蛋黄一起给它吃，或者加热后再给它吃。

■ 消除自己动手做饭的担心和疑问

与自己动手给狗狗做饭有关的问题与答案

有人对自己动手给狗狗做饭有疑问和担心是正常的。
为狗狗考虑很重要，但是没有必要过于紧张。
和给人做饭一样就没什么问题了。
享受做饭的乐趣才最重要。

QUESTION 01

自己动手做的饭，狗狗真的会吃吗

 刚开始时狗狗可能会有戒心，但几乎所有的狗狗最后都高兴地吃了

狗狗可能会对初次见到的饭食抱有戒心，也有可能在吃了一口后觉得不放心又走开。不用着急逼着它吃，等一等就能看到它认为"好吃""吃了也没关系"的那一刻。耐心等待它来吃吧。不过，因为不喜欢而绝对不吃的，就另当别论了。

QUESTION 02

自己动手做的饭，比市面出售的狗粮等食品更安全吗

 市面出售的狗粮等食品不一定是营养品质不好，而是有的食物不适合狗狗

有的狗狗可能体质不适合吃市售的狗粮等食品，或是因为生病等原因必须采用饮食疗法。此外，狗狗单吃市售的狗粮等食品，可能出现水分摄入不足、缺乏某些营养素的问题。所以，要尽可能利用各种各样的食材，让狗狗吃得营养均衡又全面。

QUESTION 03

担心营养不均衡

 只要不是每天都吃一样的东西就没问题

按照自己动手做饭食材速查表（参见第7页）的比例和分量给狗狗做饭，基本上不会有问题。一周、一月内整体上营养全面而均衡就没问题。如果连续两天都吃的鸡肉，那么第三天就可以吃鱼和蔬菜。平时注意这样调整食材就行。

QUESTION 04

人和狗狗的饭可以一起做吗

 给自己做饭时顺便把狗狗的饭也做出来，一点都不难

本书中介绍的都不是什么高难度的做法。将人类日常做的饭菜稍微调整一下，就能做成狗狗的饭菜。注意一下狗狗不能吃的食物、做饭的顺序、调味的问题，就能同时做好人和狗狗的饭，很简单的。若觉得做饭是个负担，偷个懒，休息休息，也没关系。

05

狗狗不怎么吃主人做的饭

A 加点味，刺激狗狗的食欲

刚把狗粮换成自己动手做的狗饭时，狗狗的饭量可能会急剧减少。因为狗粮是生产商派人专门研究后开发的，有狗狗最喜欢的味道。狗狗会觉得主人做的饭"没有我喜欢的味道，我不喜欢吃"。可以在饭中加上奶酪碎，也可以撒在饭上面，增加饭的香味，刺激狗狗的食欲。

06

自己动手做的饭看起来不漂亮

A 好看不好看只不过是宠物主人自己的感觉

狗狗的饭食没有必要做得很漂亮。狗狗看不到颜色，它们一直生活在黑白世界。即使主人费尽心思把饭菜做得特别漂亮，狗狗也看不出来。对狗狗来说，最重要的是好吃。如果饭菜的味道很香，狗狗就会高高兴兴地吃了它。

07

可以提前做好后冷冻起来吗

A 可以。完全可以根据主人的生活方式灵活掌握

趁空闲的时候把饭菜做出来并冷冻起来，要吃的时候再解冻，非常方便。虽然说冷冻不可避免会破坏营养成分，但是也没严重到有问题的程度。如果主人过于苛求完美的话，就会非常累，导致自己动手做饭的机会越来越少。"又方便又简单"是自己动手做饭必不可少的两大要素。

08

自制狗饭后会发生什么样的变化呢

A 狗狗的水分摄入量增加，更容易将废物排出

给狗狗吃自己做的饭菜能增加水分摄入量。市售狗粮中，水分含量不足10%。自己做的饭食中，水分的含量可高达60%，即使不再单独补充水分，水分摄入量也能达到标准。狗狗充分摄入水分后，新陈代谢也能得到改善，滞留在身体中的废物也能顺利排出体外。

09

狗狗吃了自制狗饭后身体情况变差怎么办

A 这是狗狗在排出废物，身体状况在改善的过程

狗狗开始吃主人自己做的饭食后，可能出现小便的颜色变了、出疹子、呕吐、腹泻等问题，不用担心，这些全是水分摄入量增加后的积极变化。观察几天就会发现，症状改善了。如果狗狗状态越来越差，就应当及时咨询宠物医生。有的狗狗可能对某些特定种类的食物过敏，这也需要向宠物医生咨询。

◢ 本书中食谱的使用方法

掌握简单的制作流程

在开始动手给狗狗做饭之前，确认一下给狗狗做饭的简单流程。

最基本的一点就是，主人在给自己做饭的过程中，在调味之前，将狗狗的饭食分出来。

下面介绍的制作流程，几乎贯穿于所有的食谱，把握住这些后，后面的操作就能顺利推进了。

1 切食材

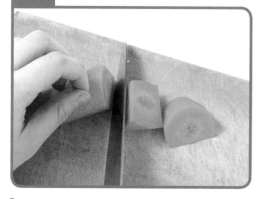 

将所有食材切成适合主人食用的大小。

2 加热食材

将食材放入锅中，然后把锅放到火上加热。蔬菜、谷物都煮成狗狗容易消化的软烂程度，即能用勺子背压烂的程度。

3 将狗狗的饭盛出来

一顿饭的标准量应该是和狗狗头部大小差不多

将狗狗的饭按照标准量从锅中盛出来，大致和狗狗头部大小差不多。

4-1 给主人的饭调味

主人的饭

给主人

现在，锅中剩下的饭都是主人的了。加入调味料进行调味。葱、香辛料等狗狗不能吃的食材，都可以在这个时候放进去。

4-2 用剪刀将狗狗的食物剪成小块

狗狗的饭

给狗狗

将给狗狗吃的食物剪成适合它食用的大小。狗狗喜欢1厘米见方的大小。

POINT 为了提高狗狗的食欲，可以加入奶酪碎等增香的食材，撒在狗饭的上面即可。

◥ 安全的狗饭

检查五个关键点

本部分介绍自己动手给狗狗做饭的五个关键点。
有些事对人来说可能不算什么，但是对狗狗来说却很危险。
为了保证狗狗的安全，一定要确认好这几点都没有问题。
为了让大家看得更明白，图片中的各种食材都是分门别类地码放的饭碗中的，给狗狗吃的时候，要搅拌均匀。

1 狗狗的食物一定要放凉后再喂

人吃饭时可以趁热边吹边吃。但狗狗则会一口气都吃下去，因此脸和口腔都有可能被烫伤。在给狗狗吃饭前，应将手指插在食物里试一试，温的、半凉不热的，是最适合狗狗食用的。如果凉了，狗狗吃了可能会坏肚子，应稍加热一下后再给它吃。

3 怕长胖的狗狗，食物要 先去掉脂肪

2 面条等都要剪成小段

狗狗也很喜欢荞麦面、通心粉等细长的面条类食物，但是它不会很好地用牙将面条咬断，只会一个劲地往下咽，就会有堵着嗓子眼的危险。所以在给狗狗吃面条类食物时，应当先用剪刀将食物剪成小段。

对于狗狗来说，肥猪肉、鸡皮等含有的脂肪都属于超标的。如果狗狗身体健康，不用太在意。但是，对于肠胃不好的狗狗、正在减肥的狗狗、必须限制热量的狗狗，将这些肥肉、鸡皮都去除后再给它吃比较好。

4 用小杂鱼干汤 增香

小杂鱼干汤中含有能提高狗狗食欲的香味。市售的颗粒鱼干粉中含盐分较多，而用海带、松鱼煮的汤（每1升水加20克食材），其盐分含量是狗狗能接受的。狗狗不爱吃饭时可在饭里拌上一点，也可当成饮用水给狗狗饮用。推荐用最简单的做法，即用水将食材浸泡一夜后再煮。

5 用漏勺、滤茶网煮狗狗吃的 蔬菜

本书中的食谱，原则上是用和主人一样的食材，同时制作完成。想用不同的食材给狗狗做饭时，可以利用漏勺或者滤茶网，同时加工不同的食材。但是葱类等狗狗不能吃的食材，不能同时放在一个锅里加工，以免给狗狗带来危险。

本书的使用方法

本书介绍了各种食材所含的营养素和做饭的关键点，保证狗狗生活健康

1 狗狗饭食标志

表示图片所示为狗狗饭食。

2 主人饭食标志

表示图片所示为主人饭食。

3 刺激狗狗食欲的关键点

介绍能刺激狗狗食欲的有关食材、制作方法。

4 食材的量

本书食谱里的食材量都以体重5千克小型犬的标准来定的。主人应根据自家狗狗的具体情况，按照第8页的方法计算和调整食材的量。

5 健康关键点

介绍食谱中所用食材所含的营养素、健康功效等。

6 技巧关键点

介绍制作方法中的技术性要点。

关于本书中的表示

- 计量单位，小勺约为5毫升，大勺约为15毫升。
- 食谱里使用的鱼汤请参照第30页第4点。
- 食谱内有"提前准备"的内容时，这部分应该在开始做饭前提前准备。
- 为了看得更明白，狗狗饭食的图片中各种食材都分类盛放。给狗狗吃的时候，应该先拌匀。
- 所有食材应提前洗净。

……标这个记号的食谱，应加上食材栏的"米饭（狗狗用）"

给狗狗做的饭是一天的量

　　本书食谱中所记载的一份狗狗饭食的量，都是狗狗一天的食用量。大多数的人都是每天吃早、中、晚3顿饭，但是狗狗却不一定。狗狗根据体重、年龄的不同，每天吃几顿饭可不同。一次性给狗狗吃够一天的量也没关系。只不过，狗狗还想再吃的时候，就不能再给了。

鸡肉圆白菜
南瓜煮通心粉

这一道水煮通心粉包含了具有抗氧化作用的维生素A、维生素C、维生素E，一锅做出，水分也很充足。

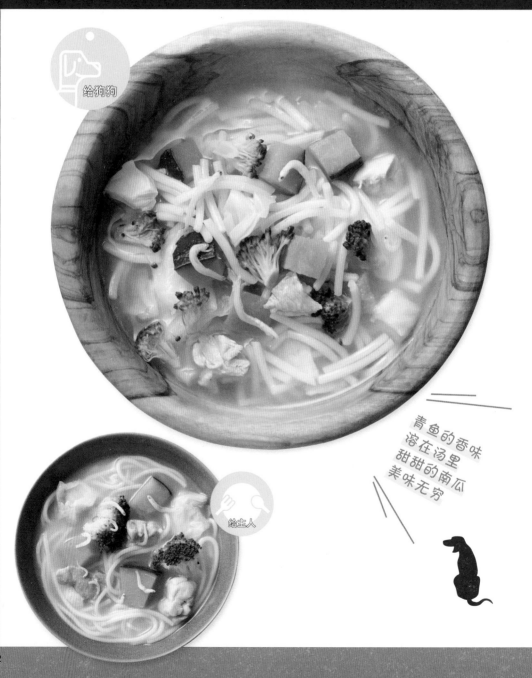

给狗狗

给主人

青鱼的香味
溶在汤里
甜甜的南瓜
美味无穷

食材（两个人+一条狗的量）

鸡腿肉	150克
圆白菜	2片
南瓜	100克
小鱼干	30克
通心粉	120克

西蓝花	$\frac{1}{4}$个
高汤	适量
盐、胡椒粉	各适量
橄榄油	$\frac{1}{2}$大勺

制作方法 | 主人

1 鸡胸肉、圆白菜、南瓜都切成一口大小，西蓝花分成小朵。

2 锅中倒入橄榄油加热，炸一下鸡肉，变色后，加水。

3 水开后，放入小鱼干、南瓜块、剪成小段的通心粉，煮一下。

4 在煮好前3分钟，放入圆白菜和西蓝花。

5 加入高汤、盐、胡椒粉调味。

制作方法 | 狗狗

前4步同左

5 将食物盛出约95克，用剪刀剪成狗狗容易吃的大小，放入狗狗的饭碗中。加入约100毫升煮食物的汤。

POINT 1

通心粉可以用其他品种的短通心粉代替

用短通心粉代替长的通心粉之后，就可以省略将通心粉剪短的步骤。

POINT 2

含钙丰富的小鱼干

小鱼干含有丰富的钙，而钙对狗狗的牙齿和骨骼等都很重要。虽然这种食材的含盐量高，只要不是一次给狗狗吃太多，就不会有问题。如果很在意含盐量的问题，可以先用清水泡一泡，去除盐分，或者选用无盐鱼干。

POINT 3

用维生素A、维生素C、维生素E预防生活习惯病

鸡胸肉含维生素A，圆白菜含维生素U和维生素K，南瓜含维生素C和维生素E。这些维生素具有提高免疫力的作用。特别是维生素A、维生素C、维生素E，被称为三大抗氧化维生素，还能预防生活习惯病。

水分充足的蔬菜汤最适合减肥和便秘者食用。甜甜的红薯是狗狗爱吃的食物之一。

南瓜红薯猪肉汤

给主人

猪肉和甜甜的红薯
相搭配
加上吸足了汤汁的
豆腐
好吃的一碗

给狗狗

食材（两个人+一条狗的量）

南瓜 ·· 200克
猪肉末 ··· 150克
红薯 ·· 50克
小鱼干 ··· 2条
冻豆腐 ··· 1块

胡萝卜 ··· 50克
白菜 ··· 1大片
豇豆 ·· 4根
海带汤 ·······························500~600毫升
味噌酱 ·· $\frac{1}{2}$ 大勺

制作方法 | 主人

1 小鱼干和冻豆腐用清水泡一泡，再切成一口大小的块。

2 红薯、南瓜、胡萝卜、白菜切成一口大小的块，豇豆切成3厘米长的段。

3 锅中放色拉油加热，放入猪肉末炒一炒，将除豇豆外的蔬菜块放入锅中，一起炒。

4 加入小鱼干、冻豆腐和海带汤，煮至蔬菜变软。

5 加入豇豆段，煮3分钟。

6 加入味噌酱调味。

制作方法 | 狗狗

前5步同左

6 用勺子将食物盛出约90克，用剪刀剪成适合狗狗吃的大小，放入狗狗的饭碗中。用勺子将煮好的汤盛出1~2勺，倒入狗狗的饭碗中。

POINT 1

红薯带皮切

红薯皮堪称营养宝库，富含有美容效果的花青苷、绿原酸、维生素C、钙、钾等营养素，建议多洗一洗，连皮一起做来吃。

POINT 2

冻豆腐可降低"坏胆固醇"

冻豆腐中含有一种蛋白质，具有降低血液中的"坏胆固醇"、抑制其上升的功效。

用富含番茄红素的番茄和富含维生素C的甜椒做出一碗看起来鲜艳夺目的食物。特别适合身体虚弱时食用。

番茄煮猪肉

番茄的甜与
奶酪的香
口水流了
一地啦

（烤肉用的）上等猪肉	300克	帕尔玛奶酪	1大勺
水煮番茄罐头	1个罐头	橄榄油	$\frac{1}{2}$大勺
胡萝卜	$\frac{1}{2}$根	高汤	适量
红甜椒	$\frac{1}{2}$个	盐、胡椒粉	各适量
土豆	2个		
香芹	1小棵		

制作方法 | 主人

1 （烤肉用的）上等猪肉切成3厘米见方的块，胡萝卜、红甜椒、土豆切成一口大小。

2 香芹切成碎末。

3 锅中放橄榄油加热，放入猪肉炒一炒。

4 猪肉表面变色后，加入胡萝卜块、红甜椒块、土豆块一起炒。

5 加入番茄、水，煮至糊糊状。

6 加盐、高汤、胡椒粉调味，盛入碗中，撒上香芹碎和帕尔玛奶酪。

制作方法 | 狗狗

前5步同左

6 用勺子将食物盛出约100克，用剪刀剪成适合狗狗吃的大小，放入狗狗的饭碗中。用勺子盛出一勺汤汁，倒入狗狗的饭碗中，撒上香芹碎和帕尔玛奶酪。

POINT

番茄与橄榄油是相得益彰的绝佳搭配

番茄中所含番茄红素有很好的抗氧化作用，能预防肌肉和血管的老化。番茄红素是脂溶性的，所以和橄榄油一起食用能提高功效。另外，罐头装的番茄没有什么酸味，很适合煮菜。

牛肉中的铁和生菜中的维生素K可促进血液循环、消除浮肿，融入米饭中的奶酪的香味，让食欲大增。

咖啡馆风的炒饭

给主人

生菜的脆爽口感
和牛肉片的搭配是最高境界
好想马上就吃

给狗狗

食材（两个人+一条狗的量）

牛肉馅	250克	米饭	400克
生菜	2片	红辣椒粉	适量
番茄	1个	番茄沙司	2大勺
香芹	2小棵	辣酱油	1大勺
马苏里拉奶酪	50克	盐、胡椒粉	各适量

制作方法丨主人

1 生菜分成3等份，切丝。番茄切成小块。

2 香芹切成碎末。

3 炒锅中放入色拉油加热，炒牛肉馅。

4 加入番茄沙司、辣酱油、盐、胡椒粉，调味。

5 将米饭盛入碗中，加入生菜丝、番茄块、炒牛肉馅，撒上马苏里拉奶酪。

6 撒上香芹碎和红辣椒粉。

制作方法丨狗狗

前3步同左

4 用勺子将牛肉馅盛出约70克，将其中的一半与约40克米饭拌在一起（图A）。

5 在拌好的米饭上面放约45克的番茄、生菜以及剩下的牛肉馅和奶酪。

6 撒上香芹。

POINT

奶酪与生菜是绝配

奶酪是一种含钙量高、狗狗也非常爱吃的食物。但是，奶酪的含盐量高，所以必须注意别给狗狗吃太多。生菜含有丰富的钙，钙具有将盐分从尿中排出体外的功效，所以最适合与奶酪这种盐分含量高的食材搭配在一起食用。

图A

狗狗的饭，应该用勺子将各种食材好好拌匀，方便狗狗食用。

用富含蛋白质和矿物质的竹荚鱼制作的料理。包竹荚鱼的紫苏叶香气扑鼻，也有魅力。

煎竹荚鱼

给主人

给狗狗

鱼的香味十足
蔬菜也足够多
每天吃都吃不腻

※实际给狗狗
吃的时候，应
将饭菜拌匀。

食材（两个人+一条狗的量）

煎竹荚鱼

竹荚鱼（净重）······	320克
绿紫苏叶······	8片
橄榄油······	适量
味噌酱······	1大勺
姜末······	1小勺

炒蔬菜

圆白菜······	2片
小油菜······	1棵
胡萝卜······	$\frac{1}{4}$根
金针菇······	50克
豆芽······	50克
橄榄油······	适量
盐、胡椒粉······	各适量
米饭（给狗狗的）······	40克

制作方法丨主人

1 将圆白菜、小油菜切成大块，胡萝卜切片，金针菇去根后切小段。将竹荚鱼剁碎，加入味噌酱、姜末、橄榄油，拌匀。

2 将鱼肉分成8等份，用绿紫苏叶逐个包好。

3 煎锅中倒入橄榄油，将紫苏叶包鱼煎一煎。将鱼盛入碗中。

4 炒菜锅中放橄榄油加热，将各种蔬菜下锅炒一炒。

5 加入盐、胡椒粉，盛入放鱼的碗中。

制作方法丨狗狗

前3步同左

4 取2份鱼，用剪刀剪成适合狗狗吃的大小（图A）。

5 取出约90克炒蔬菜，用剪刀剪成适合狗狗吃的大小。

6 将煎竹荚鱼、炒蔬菜、米饭盛入狗狗的饭碗中拌匀。

POINT
要注意竹荚鱼的小刺

当然了，狗狗不会像人那样将鱼刺剔除干净后再吃。竹荚鱼的刺较多，在剁碎前，应该注意将刺剔除干净，否则，鱼刺可能将狗狗的咽喉或食管扎伤。如果用食物料理机将鱼连肉带刺打成糊，则不用有任何担心。

图A

虽然煎竹荚鱼软软的，狗狗容易咀嚼，但是，如果能加工成适合狗狗吃的大小，吃起来就更方便了。

用富含维生素C的彩椒制作三明治。
制作三明治剩下的面包边正好用来
给狗狗做餐品。

面包边比萨
与三明治

给主人

给狗狗

烤得脆脆的面包边
和橄榄片的香味
让狗狗已经等不及了

三明治
面包···2片
黄瓜···1小段
番茄···$\frac{1}{4}$个
火腿···2片

面包边比萨
面包边···2片
彩椒（红、黄、绿）·······································各$\frac{1}{10}$个
香芹···适量
黑橄榄（薄片）···6片
马苏里拉奶酪···2大勺

制作方法 | 主人

1 将黄瓜和番茄切成薄片。

2 将面包的边切掉（图A）。

3 将黄瓜片、番茄片、火腿夹在面包中。

4 切成自己喜欢的大小。

制作方法 | 狗狗

1 红、黄、绿彩椒切成细丝，香芹切成碎。

2 将面包边切成16等份。

3 烤盘上横向、竖向各摆放4块面包边。

4 一半面包边上抹番茄酱，放上绿、红、黄三种彩椒丝；另一半放黑橄榄、马苏里拉奶酪（图B）。

5 在烤面包机上烤3分钟，让奶酪化开。

6 撒上香芹碎。

图A

用制作给人吃的三明治时切下的面包边制作比萨，小型犬也能吃，还经济实惠。

图B

将面包边先横着摆4块、再竖着摆4块，相互交叉着摆好。

将富含牛磺酸——可提高肝功能的营养素的青甘鱼和蔬菜一起煮，美味更上一层楼。

青甘鱼煮白萝卜

给主人

给狗狗

食材（两个人+一条狗的量）

青甘鱼	300克	小杂鱼干汤	300毫升
白萝卜	100克	芝麻粉	1小勺
胡萝卜	$\frac{1}{2}$根	酱油	2~3大勺
小油菜	2棵	味醂（一种日本甜料酒）	1大勺
姜片	4~5片	料酒	1大勺
香油	$\frac{1}{2}$大勺		

制作方法 | 主人

1 将每一块青甘鱼肉分成3等份。将白萝卜去皮，切成2厘米厚的块，切十字刀，分成4等份。胡萝卜先切成1厘米长的段，再用和白萝卜一样的方法切成4等份。小油菜先焯一下，再切成4厘米的段。

2 锅内放香油和姜片，青甘鱼入锅，煎两面。

3 加入白萝卜块和胡萝卜块，炒一炒，再加入小杂鱼干汤，煮至变软。

4 加入酱油、味醂、料酒，盖上锅盖，煮至汤剩下一半。

5 盛入碗中，加上小油菜。

制作方法 | 狗狗

前3步同左

4 用勺子盛出约80克，用剪刀剪成适合狗狗吃的大小，放入狗狗的饭碗中。

5 用勺子盛出约70毫升的煮菜汁倒入狗狗饭盆中，加入小油菜，撒上芝麻粉。

POINT

吸足了煮菜汁的白萝卜营养丰富

白萝卜具有吸收体内热（毒）、润肺镇咳的功效。打嗝的时候，吃点白萝卜也有功效。青甘鱼煮白萝卜的汤汁里溶入了丰富的营养素，所以汤汁应当与菜一起食用。

苦瓜中的维生素含量丰富，猪肉中的蛋白质含量丰富，将这两种食材煮在一起吃，最适合预防苦夏。

苦瓜猪肉汤

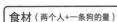
给狗狗

※实际给狗狗吃的时候应将饭菜拌匀。

给主人

食材（两个人+一条狗的量）

苦瓜	$\frac{1}{4}$根	小油菜	2棵
猪肉丝	150克	味噌酱	$1\frac{1}{2}$大勺
白萝卜	1小段	香油	$\frac{1}{2}$大勺
胡萝卜	$\frac{1}{3}$根	小杂鱼干汤	600毫升
豆腐	100克	米饭（给狗狗吃的）	30克

制作方法 | 主人

1 将苦瓜竖着切成两半，去瓤和子，切成薄片。白萝卜、胡萝卜去皮，切成丁。豆腐切成一口大小。

2 锅中放香油加热，加入蔬菜丁和猪肉丝炒一炒，猪肉变色后，加入小杂鱼干汤，煮至蔬菜变软。

3 小油菜用热水焯一下，再切成3厘米长的段。

4 将1勺味噌酱放入锅中，加入小油菜和豆腐丁煮熟。

制作方法 | 狗狗

前3步同左

4 将食物盛出约90克、汤汁盛出约100毫升，再加入半勺味噌酱，化开。将20克小油菜用剪刀剪成适合狗狗吃的大小，放在上面。再和米饭一起盛入狗狗的饭碗中拌匀。

POINT

夏天想吃的蔬菜
——苦瓜

苦瓜的苦味成分有健胃功效，对夏季食欲不佳也有预防功效。把苦瓜放入猪肉汤中、加味噌酱一起煮，可以减轻其苦味。苦瓜猪肉汤还能温暖人们在空调房间里变冷的身体。

猪肉有消除疲劳的功效，菠菜中富含铁和维生素。胃不舒服时，吃点姜炒肉，特别好。

姜炒肉

给狗狗

给主人

※实际给狗狗吃的时候，应该将米饭和菜拌匀。

食材（两个人+一条狗的量）

姜炒肉		炒蔬菜	
猪肉	5片	胡萝卜	$\frac{1}{3}$根
姜末	2小勺	菠菜	3棵
香油	$\frac{1}{2}$大勺	柿子椒	2个
酱油	$1\frac{1}{2}$大勺	香油	1小勺
白砂糖	1小勺	盐、胡椒粉	各适量
味醂	1大勺	米饭（给狗狗的）	35克

制作方法丨主人

1 煎锅中放入香油，加热，放入猪肉片和姜末，炒至熟透。

2 加入酱油、白砂糖、味醂和一大勺水，等水分炒干后盛出。

3 胡萝卜去皮后切成短片；菠菜焯水，沥干水后切成3厘米长的段；柿子椒切成细丝。

4 煎锅中放香油加热，将加工好的蔬菜放入锅中炒一炒。

5 加入盐、胡椒粉调味，放在炒好的猪肉上面。➡

制作方法丨狗狗

第1步同左

2 取出1片猪肉放入狗狗的饭碗中，用剪刀剪成适合狗狗吃的大小。

第3、4步同左

5 用勺子将食物盛出约40克，用剪刀剪成适合狗狗吃的大小。将炒肉、炒蔬菜、米饭盛入狗狗的饭碗中拌匀。

 POINT 姜对狗狗来讲也是健康食材

姜中含有可促进血液循环的姜辣素，可暖身，预防感冒。此外，姜还有杀菌、抗氧化的作用。

此菜有足够多的芝麻，芝麻中富含铁等矿物质、有抗氧化作用的芝麻素，其他食材中的营养也特别丰富的一盘食物。

蔬菜炒面

给狗狗

给主人

食材（两个人+一条狗的量）

面条	300克	香油	2小勺
猪肉末	120克	面酱	适量
圆白菜	2片	黑芝麻粉	$\frac{1}{2}$大勺
胡萝卜	1小段	紫菜粉	$\frac{1}{2}$大勺
樱花虾	2大勺	红姜	适量

制作方法丨主人

1 将圆白菜心切成丝，叶子部分切成一口大小，胡萝卜切成方片。

2 炒锅中加入香油加热，猪肉末和胡萝卜片放入锅中炒至猪肉变色后，加入圆白菜、樱花虾、面条和一点点水，边炒边将面条打散。

3 加入面酱调味。

4 盛入碗中，在上面放黑芝麻粉、紫菜粉、红姜。

制作方法丨狗狗

前2步同左

3 用勺子盛出约100克，放入狗狗的饭碗中，用剪刀把面条剪成适合狗狗吃的大小。

4 放上黑芝麻粉和绿紫菜。

POINT

樱花虾是狗狗非常爱吃的健康食材

樱花虾这种食材除了高蛋白、低脂肪之外，芳香的气味、脆脆的口感，可以增加饭菜的风味。虾壳中含有虾青素，能去除氧自由基，同时还有抗癌的作用。

鸡肉中富含蛋白质、维生素。炖煮成一锅的糊糊状，从小狗到老狗吃着都方便。

奶油煮鸡

给狗狗

给主人

食材（两个人+一条狗的量）

鸡腿肉	250克	面粉	2大勺
土豆	1个	牛奶（或豆浆）	200毫升
胡萝卜	$\frac{1}{2}$根	橄榄油	1大勺
南瓜	80克	高汤	适量
蟹味菇	$\frac{1}{2}$个	盐、胡椒粉	各适量
西蓝花	$\frac{1}{4}$个		

制作方法丨主人

1 将鸡腿肉、土豆、胡萝卜、南瓜切成一口大小，蟹味菇分成小朵，西蓝花用水先焯一下。

2 锅中放橄榄油加热，炒鸡肉，肉变色后，加入西蓝花以外的其他蔬菜，一起炒。

3 撒入面粉，继续炒，炒至看不到面粉时，加入牛奶和水煮，成糊状后，加入西蓝花，再煮一下。

4 加入高汤、盐、胡椒粉调味。

制作方法丨狗狗

前3步同左

4 将包括西蓝花在内的食物盛出约120克，用剪刀剪成适合狗狗吃的大小，放入狗狗的饭碗中，再加入约30毫升的糊糊，拌匀。

POINT

不能喝牛奶的狗狗可以用豆浆代替

虽然牛奶含钙量丰富，但是有些狗狗无法分解牛奶中含有的乳糖成分，会因此出现腹泻等问题（身体好的狗狗也可能出现这个问题）。这种情况下，可以用豆浆代替牛奶。豆浆中含有各种营养素，尤其是优质蛋白质。

满满一锅色彩斑斓、营养丰富的蔬菜浓汤，用牛肉汤煮后，即使是不喜欢吃蔬菜的狗狗，也能高高兴兴地吃完。

彩色蔬菜牛肉浓汤

给狗狗

给主人

食材（两个人+一条狗的量）

牛肉（炖肉用）	300克	盐、胡椒粉	各适量
芜菁	1个	西蓝花	5~6小朵
胡萝卜	1根	小番茄	6个
香芹	1根	橄榄油	½大勺
高汤	2大勺		

制作方法 | 主人

1 芜菁（带皮）分成4等份，胡萝卜去皮分成3等份后再竖着切成4等份。香芹去筋，切成和胡萝卜一样的长度，叶子切成一口大小。

2 将西蓝花提前焯一下。

3 锅内放橄榄油加热，将牛肉表面煎一煎，加入第1步中准备好的蔬菜，稍微炒一下，然后加水煮20分钟。加入西蓝花、小番茄，再煮一下。

4 加入高汤、盐、胡椒粉调味。

制作方法 | 狗狗

前3步同左

4 用勺子将食物盛出约110克，用剪刀剪成适合狗狗吃的大小，再加入约70毫升的汤，拌匀。

POINT 用香芹代替洋葱去腥

可以用香芹代替洋葱给肉类去腥。香芹的主要成分是芹菜苷，有镇静、安神、镇痛的作用。所以，对神经质的狗狗有一定放松的作用。

鲑鱼富含维生素B$_1$，而维生素B$_1$有消除疲劳的功效。撒上淀粉，将营养锁住。

法式黄油炸鲑鱼和浇汁蔬菜

给狗狗

※实际给狗狗吃的时候，应将饭菜拌匀。

给主人

食材（两个人+一条狗的量）

鲑鱼	3片
圆白菜	2片
胡萝卜	$\frac{1}{4}$根
金针菇	50克
蟹味菇	50克
西蓝花	$\frac{1}{4}$个
橄榄油	适量
小杂鱼干汤	200毫升
淀粉	1大勺
酱油	1大勺
白砂糖	1小勺
盐、胡椒粉	各适量
米饭	40克

制作方法 | 主人

1 将鲑鱼擦去水分，取2片，用适量盐、胡椒粉腌底味，拌入淀粉。

2 煎锅中放橄榄油加热，放入第1步腌好的鱼片煎一煎，盛出。

3 圆白菜切成大块，胡萝卜切成小条，金针菇和蟹味菇去根后分成一根一根的，西蓝花分成小朵。

4 煎锅中放橄榄油，将蔬菜炒一炒。加入小杂鱼干汤，烧开后，加入淀粉煮成糊状。

5 加入酱油、白砂糖、盐、胡椒粉调味。

制作方法 | 狗狗

1 取1片鲑鱼肉，不用盐腌直接拌入淀粉。

2 将鲑鱼肉煎一煎，用剪刀剪成适合狗狗吃的大小。

第3、4步同左

5 将食物盛出约90克，用剪刀剪成适合狗狗吃的大小，加上第2步煎好的鲑鱼和米饭，一起放入狗狗的饭碗中拌匀。

POINT 狗狗吃的饭中用鲜鲑鱼

咸鲑鱼中盐分含量高，即使尽力清洗还是会残留下对狗狗来说过量的盐分。所以给狗狗一定要吃鲜鲑鱼。

用酸奶代替蛋黄酱，十分健康的沙拉。吃起来也很有满足感。

鸡胸肉通心粉沙拉

给狗狗

给主人

食材（两个人+一条狗的量）

鸡胸肉	100克	小番茄	6个
通心粉	40克	酸奶	1大勺
煮鸡蛋	1个	蛋黄酱	2大勺
黄瓜	$\frac{1}{2}$根	盐、胡椒粉	各适量

制作方法 | 主人

1 鸡胸肉切成2厘米见方的丁，煮鸡蛋捏成大碎块，黄瓜切成薄片，小番茄一分为四。

2 锅中放水烧开，将通心粉煮熟，煮熟前5分钟加入鸡肉，煮熟后捞出，沥干水分，晾干备用。

3 将第1步和第2步中准备好的食材放入一个碗中，加入酸奶拌匀。

4 再加入蛋黄酱、盐、胡椒粉调味。

制作方法 | 狗狗

前3步同左

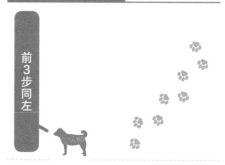

4 将食物盛出约90克，用剪刀剪成适合狗狗吃的大小，放入狗狗的饭碗中。

POINT 用酸奶拌蔬菜

酸奶是含钙量高同时狗狗也很喜欢的食材之一。将蔬菜用酸奶拌一拌，不爱吃蔬菜的狗狗也会吃得美美的。注意，给狗狗的酸奶应该选择无糖的普通型。

如何给狗狗选饭碗

每天吃饭都要用到饭碗。饭碗的颜色、款式丰富多彩，但选碗时还应考虑到饭碗的形状要方便狗狗吃饭。下面讲讲给狗狗挑选饭碗时应该注意的几点。

CHECK 01

材质

掌握各种材质的特点

狗狗用饭碗的材质大致分为塑料、不锈钢、陶瓷等几种。首先要了解一下各种材质的特点。不同性格、特点的狗狗，宜使用不同材质的饭碗。

塑料制品

塑料制品的优点是价格便宜、不容易损坏，但是容易有裂口，而且小裂口处容易滋生细菌，不适合爱啃爱咬的狗狗使用。此外，长时间接触有可能引起塑料制品导致的过敏。

■小店中就能买到
■掉地上也不易摔碎

不锈钢制品

不锈钢制品的优点是结实，一般不会裂。虽说不锈钢制品轻巧好用，但是吃饭用力较大的狗狗容易将饭碗弄翻，还有就是有的狗狗可能对金属过敏，有的狗狗不喜欢金属发出的声音、气味、反射光等。

■卫生、不易损坏
■轻巧、结实

陶瓷制品

因为陶瓷制品有一定的分量，所以狗狗吃饭时很少会被弄翻。陶瓷制品的另一个优点是不用担心狗狗会不会过敏。还有一些陶瓷制品在洗碗机、微波炉中也能用。陶瓷制品的缺点是怕摔。所以在拿取时要小心注意。

■有一点分量，不容易被打翻
■不用担心可能会过敏、可能含有有害物质等

CHECK 02

高度

适合狗狗低头吃饭的高度

狗狗通常都是低着头吃饭的。但是，狗狗做出低头的姿势时，脖子需要用力，背部、腰部、足部都会增加负担。特别是体型较大的狗狗，头低得越厉害，身体的负担越大，甚至会对身体造成伤害。所以，在给狗狗挑选饭碗时，应该根据狗狗体型大小挑选高度合适的。一般来讲，饭碗的理想高度是狗狗身高−10厘米。适合的高度还能防止狗狗噎着。

03

深度

饭碗的深度与吻部的长度相当

狗狗头部，从鼻尖到嘴这一部分称为吻部。根据狗狗吻部长度与头盖骨长度的比例，可以将狗狗分为长头种、中头种、短头种三大类。狗狗吻部长度不同，脸形也会相应不同，就需要选择不同深度的饭碗。

长头种、中头种

英格兰牧羊犬、柴犬等

短头种

西施犬、八哥犬等

对于吻部长的犬种，推荐使用有深度的饭碗。如果吻部长而饭碗浅，狗狗吃饭就有困难，并且会将很多饭弄到碗外面。此外，达克斯犬、金毛巡回犬等耳朵下垂的犬种，吃饭时，耳朵可能会垂到饭碗里弄脏，所以最好使用开口较小的、下大上小型饭碗。

吻部短的犬种，推荐使用口大底浅的盘子吃饭。如果盘子太深，吃饭时，整个头部都埋到里面去吸，可能会呛着，会吐。此外，自己动手给狗狗做的饭，大多比狗粮的块体积要大。为了防止饭食从盘子中弄出来，最好挑选有宽边（反弯）的盘子或碗。

04

食物台

根据自己家狗狗的具体情况做出相应调整

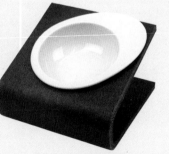

放饭碗的台子，只要尺寸合适，可以直接将平常用的饭碗放进去。食物台除了能固定饭碗外，还有能增加、调整饭碗的高度、倾斜度等更加贴心的设计。可调节的食物台可以随着狗狗的长大随时进行调整。

防止吃得太快

对于吃饭过快的狗狗，推荐使用专为防止狗狗吃得太快而设计的饭碗。狗狗吃饭太快，囫囵吞枣的话，容易造成食物堵在喉咙处噎着、吃进大量冷空气等问题。特别是老年犬，必须多加注意。最好能根据狗狗吃饭时的具体情况换碗。

容器中底部凹凸不平，让狗狗能慢慢地吃。

肝脏疾病

蔬菜蒸白鱼

白鱼富含优质蛋白质和维生素B$_{12}$，和许多蔬菜一起煮，能让虚弱的肝脏恢复元气。

给狗狗

蒸得松松软软的
白鱼
挂着糊糊
看起来很好吃呀

给主人

食材（两个人+一条狗的量）

白鱼（鳕鱼等）	300克	小杂鱼干汤	1大勺
豆腐	150克	淀粉	2小勺
胡萝卜	半根	酱油	2小勺
豇豆	5~6根	料酒	2小勺
香菇	2个	盐	适量
料酒	1大勺		

制作方法 | 主人

1 将白鱼擦干水，分成3等份，洒上料酒。

2 豆腐用重物压一压，去除水分，然后切成一口大小。

3 胡萝卜切成薄长片，豇豆切成3厘米长的段，香菇切成薄片。

4 将前3步准备好的食材摆放在耐热容器中，放入微波炉加热3~4分钟（图A）。

5 锅中加小杂鱼干汤，放炉灶上烧开，将淀粉和适量水调匀后倒入锅中，煮成糊糊。

6 加入酱油、料酒和盐调味。将第4步加热好的食物盛入碗中，加入做好的糊糊。

制作方法 | 狗狗

前5步同左

6 将加热好的食物盛出约120克，用剪刀剪成适合狗狗吃的大小，盛入狗狗的饭碗中。将糊糊盛出约30毫升，淋在饭碗中。

图 A

用微波炉蒸

如果蔬菜切得比较薄，可以用微波炉代替蒸锅加热，更简便。

POINT

鱼肉中所含的EPA让血液流动更通畅

血液循环一旦变差，就会造成身体不适。鱼肉中含有能让血液循环更通畅的EPA，还含有能提高肝脏自身修复能力的维生素等营养素。所以，以鱼为主料的饭菜最适合用于健康管理。本页食谱使用的是鳕鱼，也可以换成其他品种的白鱼。

豆浆和山药有助促进肝脏的功能。荞麦中含有的胆碱有助于维生素发挥其功能，防止脂肪在肝脏中堆积。

肝脏疾病

豆浆山药荞麦面

给主人

给狗狗

山药黏黏的
很喜欢
隐约的荞麦香也很有
诱惑力

鸡胸肉..3条
山药...150克
豆浆..200毫升
菠菜..2棵

荞麦面..2团
料酒...1大勺
拌面酱（3倍浓缩型）................................2大勺

制作方法 | 主人

1 将鸡胸肉放入耐热容器中，洒一点料酒，放入微波炉加热3分钟。然后切成方便吃的大小。

2 将山药擦成泥，与豆浆混合均匀。将给狗狗吃的那部分盛出来，然后加入拌面酱（图A）。

3 菠菜先焯一下，切成3厘米长的段。荞麦面用水先煮一下，沥干水分。

4 容器中放拌面酱和荞麦面，再将第2步制作好的豆浆山药淋在上面，最后放上鸡胸肉和菠菜段（还可以加上五香粉）。

制作方法 | 狗狗

1 取出约20克的鸡胸肉，放入狗狗饭碗中。

2 山药和豆浆混合好后，用勺子盛出约100毫升，放入狗狗饭碗中。

3 菠菜取出约35克，荞麦面取出约50克，用剪刀剪成适合狗狗吃的大小，放入狗狗的饭碗中，拌匀。

图 A

豆浆和山药可提高免疫力

擦成泥的山药和豆浆混合均匀。山药除了含有淀粉酶这种消化酶外，还富含维生素、膳食纤维、钙等各种营养素。而豆浆中所含的皂苷除了有让体内的脂肪燃烧的功效外，还能抑制脂肪的过氧化，提高肝脏的免疫力。

POINT

山药中的膳食纤维能抑制氨的产生

当肝功能下降时，血液中的氨浓度会增加，可能会引起脑部异常。肠道内有产生氨的细菌，人摄入膳食纤维，可以吸附含有氨的有害物质，排泄到体外。此外，膳食纤维对肥胖、高血压也有效。所以，多吃点含丰富膳食纤维的山药，调整肠道内的环境，可改善身体状态。

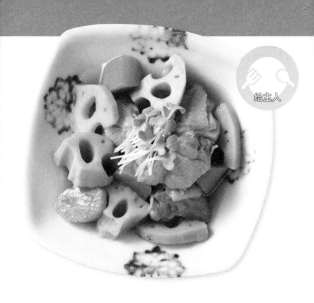

根茎类蔬菜的膳食纤维含量高，吃起来很有饱腹感。

肾脏病

根菜煮鸡肉

给主人

放了香油，香气扑鼻
莲藕脆脆的口感
让狗狗欲罢不能

给狗狗

食材（两个人+一条狗的量）

鸡腿肉	250克	香油	2小勺
胡萝卜	½根	薄口酱油（可用生抽代替）	2小勺
莲藕	200克	料酒	2小勺
白萝卜苗	适量	味醂	1小勺
小杂鱼干汤	300毫升		

制作方法｜主人

1 鸡腿肉、胡萝卜、莲藕切成一口大小。

2 锅中放香油加热，炒鸡腿肉丁。加入胡萝卜丁、莲藕丁，炒至鸡腿肉丁上色。

3 加入小杂鱼干汤，煮15分钟。

4 加入薄口酱油、料酒、味醂，盛入容器中，加入白萝卜苗。

制作方法｜狗狗

前3步同左

4 用勺子将食物盛出约100克，用剪刀剪成适合狗狗吃的大小，放入狗狗的饭碗中，加入约80毫升煮菜汁。

POINT **1**

用根茎类蔬菜补肾

肾脏是将体内积存的废物排出、净化血液的脏器，作用相当于一个过滤器。动脉硬化等会引发过滤器堵塞，导致肾功能障碍。开始可能没有什么明显的症状，但会慢慢地发展、恶化。不少人出现症状时已经失去3/4的肾功能。胡萝卜、莲藕等根茎类蔬菜都富含维生素和矿物质，有利于肾的健康。

POINT **2**

莲藕中的多酚
可防动脉硬化

切好的莲藕放置一段时间后就会发黑，这是多酚中的一种——单宁氧化后造成的。单宁有抗氧化作用，还有防止动脉硬化的作用。

小油菜没什么涩味，是狗狗也喜欢吃的一种蔬菜。猪肉和香油的香味能刺激狗狗的食欲。

肾脏病

芝麻炒猪肉蔬菜

给主人

给狗狗

炒黑芝麻的香味是亮点
猪肉、蟹味菇松松软软的
食欲大开啦

食材（两个人+一条狗的量）

猪腿肉薄片	200克
姜末	5克
小油菜	3棵
蟹味菇	100克
白萝卜	100克
香油	1大勺
黑芝麻	2大勺
酱油	1大勺
料酒	$\frac{1}{2}$大勺
味酥	$\frac{1}{2}$大勺

制作方法｜主人

1 将猪腿肉薄片竖着切成3等份，小油菜切成4厘米长的段，蟹味菇分成小朵，白萝卜切成扇形的片。

2 煎锅中放入香油，加热后，将猪肉片和姜末放入锅中炒一炒，猪肉变色后，将蟹味菇和白萝卜片也放入锅中继续炒。

3 白萝卜片断生之后，将小油菜和黑芝麻也放入锅中，稍微炒一下。

4 将所有调料放入锅中，炒至收汁为止。

制作方法｜狗狗

前3步同左

4 用勺子将食物盛出约110克，用剪刀剪成适合狗狗吃的大小，放入狗狗的饭碗中。

POINT 1

小油菜和猪肉相得益彰

小油菜含有丰富的钙、铁、β-胡萝卜素，是一种营养价值较高的蔬菜，和蛋白质含量较高的猪肉搭配食用，能提高钙和铁的吸收率。

POINT 2

猪肉是肉类中对肾脏负担较轻的

猪肉中含有维生素B_1和优质蛋白质，能增强肾脏等内脏的功能；还有帮助分解碳水化合物、避免其形成中性脂肪的作用。狗狗一旦患上肾脏疾病，为了延缓疾病发展进程，必须对饮食进行限制。具体做法请咨询宠物医生，按照医嘱采取饮食疗法进行治疗。避免吃出病是最重要的，平时应该重视每一天的饮食，预防患病。

满满一碗肉和蔬菜拌成的健康沙拉。香气十足的牛肉让狗狗也吃得美美的。

牛肉沙拉

给主人

圆白菜的甜和牛肉的香格外突出

是狗狗特别喜欢的沙拉

给狗狗

牛腱肉薄片	240克	蛋黄酱	3大勺
胡萝卜	$\frac{2}{3}$根	芥末	2小勺
圆白菜	3片	牛奶	1大勺
金针菇	100克	盐、胡椒粉	各适量

制作方法 | 主人

1 将胡萝卜、圆白菜切丝，金针菇分成小根。

2 锅中放水烧开，将胡萝卜丝和金针菇焯一下后捞出，将水分沥干后备用。

3 将牛肉薄片略焯一下，断生后捞起来备用。

4 将圆白菜丝盛入一个冷却后的容器中。

5 将第2步、第3步处理好的蔬菜丝和牛肉薄片放在上面。最后，将各种调味料混合均匀后淋在上面。

制作方法 | 狗狗

前4步同左

5 用勺子将胡萝卜丝、金针菇盛出约40克。将牛肉片盛出约40克，用剪刀剪成适合狗狗吃的大小。将圆白菜丝取出约30克，盛入狗狗的饭碗中，再将胡萝卜丝、金针菇和牛肉片放在上面。

POINT **1**

用心制作一些能减轻心脏负担的食物

靠饮食疗法治疗心脏病是件很困难的事情。但是，可以将饮食疗法作为预防措施，通过改善血液循环、消除肥胖减轻心脏的负担。圆白菜富含可防止血管老化的维生素C和叶酸。胡萝卜中所含的β-胡萝卜素有预防动脉硬化的功效。此外，有报告说，口腔中的细菌会让心脏病加重、恶化，所以养成正确的口腔卫生习惯也很重要。

POINT **2**

用金针菇的力量促进代谢

金针菇富含B族维生素，所以能促进代谢。

给主人

鱼肉中富含DHA和EPA。起装饰作用的鸭儿芹也有抗氧化的作用。

心脏病

香菇鱼片

给狗狗

香气扑鼻的鱼和
软嫩而有弹性的香菇
组合出浓厚的味道

食材（一个人+一条狗的量）

鱼片（鲅鱼）……………………	200克
香菇…………………………………	2个
鸭儿芹………………………………	3根
面粉…………………………………	2大勺
色拉油……………………………	1大勺
小鱼干汤…………………………	适量

Ⓐ 料酒…………………………	2小勺
生姜汁…………………………	2小勺
Ⓑ 薄口酱油……………………	$\frac{1}{2}$ 大勺
料酒…………………………	$\frac{1}{2}$ 大勺
味醂…………………………	1小勺

制作方法丨主人

1 将香菇切成薄片，鸭儿芹切成2厘米长的段。

2 将鱼片擦干水，加入调料 A，腌制5分钟，再裹上面粉。

3 煎锅中放色拉油加热，将第2步处理好的鱼片放入锅中，把两面都煎一下。

4 锅中放入小杂鱼干汤，放炉灶上加热，汤沸腾后，加入香菇片煮透后，将鱼片也放入锅中煮1~2分钟。

5 加入调料B，煮一下，盛入容器中，再点缀上鸭儿芹。

制作方法丨狗狗

前4步同左

5 用勺子将食物盛出约55克，用剪刀剪成适合狗狗吃的大小，放入狗狗的饭碗中。用勺子盛出约30毫升的煮菜汁，浇在上面，再点缀上鸭儿芹。

POINT 1

鱼肉中的DHA和EPA 可预防动脉硬化

心脏病的原因之一是动脉硬化。鱼肉中含有DHA、EPA等ω-3不饱和脂肪酸，能降低胆固醇值，让血液循环更流畅。DHA、EPA在鲅鱼、秋刀鱼、青花鱼、竹荚鱼、沙丁鱼等青鱼类鱼中的含量较高。

POINT 2

鸭儿芹的营养价值 实际上很高

鸭儿芹的香气有增进食欲、安定神经的功效。此外，还含有具抗氧化作用的多酚。

对虚弱的胃来讲，最适合的是带糊糊的食物。可以从胃里开始温暖整个身体。

消化系统疾病

圆白菜煮鸡肉

给主人

咕嘟咕嘟煮得软软的
鸡肉和蔬菜
又香又甜
滋养肠胃

给狗狗

食材（两个人+一条狗的量）

鸡腿肉⋯⋯⋯⋯⋯⋯⋯⋯⋯⋯⋯⋯⋯⋯⋯⋯250克	小杂鱼干汤⋯⋯⋯⋯⋯⋯⋯⋯⋯⋯⋯⋯300毫升
圆白菜⋯⋯⋯⋯⋯⋯⋯⋯⋯⋯⋯⋯⋯⋯4、5片	盐、胡椒粉⋯⋯⋯⋯⋯⋯⋯⋯⋯⋯⋯⋯各适量
胡萝卜⋯⋯⋯⋯⋯⋯⋯⋯⋯⋯⋯⋯⋯⋯⋯$\frac{1}{2}$根	水淀粉⋯⋯⋯⋯⋯⋯⋯⋯⋯⋯⋯⋯⋯⋯2大勺
绿紫苏⋯⋯⋯⋯⋯⋯⋯⋯⋯⋯⋯⋯⋯⋯⋯3片	

制作方法｜主人

1 鸡腿肉切成小块，圆白菜和胡萝卜切成一口大小的块，绿紫苏切成碎末。

2 锅中放入小杂鱼干汤烧开，加入鸡肉块和胡萝卜丁煮透，加圆白菜块，再煮5分钟左右。

3 加入水淀粉煮成糊糊状。

4 加入盐、胡椒粉调味，盛入碗中，撒上绿紫苏末。

制作方法｜狗狗

前3步同左

4 用勺子盛出约120克食物，用剪刀剪成适合狗狗吃的大小，再加入约100毫升煮菜汁，撒上绿紫苏末。

POINT 1

预防消化系统疾病的功效

消化系统的不适有可能是由精神紧张引起的。对于性格敏感的狗狗，应该给它营造一个无压力的环境，并给它吃容易消化的食物。虽然蔬菜中含有的膳食纤维消化时间比较长，但是煮软并加入水淀粉制作成糊状后，能减轻消化系统的负担。

POINT 2

吃绿紫苏可帮助减轻压力

绿紫苏独特的香气来自于称为紫苏醛的成分，这种成分有促进胃液分泌、增进食欲的功效。此外，绿紫苏中还有丰富的钙，具有安定的作用。

虾和扇贝中的牛磺酸具有消除疲劳的功效。奶汁烤菜很有满足感。

给主人

— 消化系统疾病 —

加虾与扇贝的奶汁烤菜

虾的口感
扇贝爽口有弹性
满载着海的味道

给狗狗

食材（两个人+一条狗的量）

虾仁 ⋯⋯⋯⋯⋯⋯⋯⋯⋯8个	面粉 ⋯⋯⋯⋯⋯⋯⋯⋯⋯3克
扇贝 ⋯⋯⋯⋯⋯⋯⋯⋯⋯4个	牛奶（或者豆浆）⋯⋯⋯350毫升
土豆 ⋯⋯⋯⋯⋯⋯⋯⋯⋯2个	帕尔玛奶酪 ⋯⋯⋯⋯⋯⋯30克
黄油 ⋯⋯⋯⋯⋯⋯⋯⋯20克	盐、胡椒粉 ⋯⋯⋯⋯⋯各适量

制作方法｜主人

1 将土豆切成2厘米见方的块，用水泡一下。

2 将第1步处理好的土豆和虾仁、扇贝摆入耐热容器中，用微波炉加热1分30秒。

3 将黄油放入耐热容器中，用微波炉（600瓦）加热30秒。加入面粉搅拌，再加入牛奶搅拌均匀，用微波炉加热2分钟，取出，再搅拌，再加热2分钟，制作成白色酱汁。

4 往第3步制作好的酱汁中加盐、胡椒粉调味。

5 在制作奶汁烤菜的容器中放入第2步、第3步制作好的食材，撒上帕尔玛奶酪，放入烤箱中烤至金黄色。

制作方法｜狗狗

前3步同左

4 将虾仁和扇贝分别盛出两个，用剪刀剪成适合狗狗吃的大小。将土豆块盛出约25克，将白色酱汁盛出约50毫升。

5 放入制作奶汁烤菜的容器中，撒上帕尔玛奶酪，放在烤箱中烤至金黄色。

POINT 1

扇贝对狗狗来讲
是营养满分的食材

扇贝不仅高蛋白、低脂肪，而且含有丰富的维生素、锌、牛磺酸等。用扇贝做饭做菜时，应将扇贝的内脏去掉后再充分加热。此外，改善消化系统功能的最佳方法是充分休息。当狗狗身体状况不佳时，可控制饮食，看看情况是否有好转。如果有异常，哪怕只是一点点，都不要自作主张，一定要去咨询宠物医生。

POINT 2

做出好吃的白色酱汁
的秘诀

使用微波炉能简单地制作出白色酱汁。用打蛋器搅拌均匀，是酱汁中没有块的秘诀。

豆渣是营养丰富的健康食材，非常适合减肥，主人和狗狗一起打造不肥体质吧。

肥胖、糖尿病

豆渣汉堡

给狗狗

给主人

食材（两个人+一条狗的量）

鸡肉馅	200克	鸡蛋	1个
豆渣	100克	色拉油	2小勺
白萝卜	150克	橙汁酱油（也可用生抽）	适量
羊栖菜	4克	薄口酱油（也可用普通酱油）	2小勺
小番茄	1个	料酒	1小勺

制作方法｜主人

1 将白萝卜切碎，豆渣用水泡一泡。

2 碗中放入鸡肉馅、豆渣、控水的羊栖菜，打入鸡蛋，充分搅拌均匀。

3 加入薄口酱油和料酒，搅拌均匀，分成自己喜欢的大小，做成小饼的形状。

4 将1~2小勺色拉油倒入锅中，油热后，放入第3步中做好的小饼，将两面都煎一煎。盖上盖子加热2~3分钟，熟透后盛入碗中。

5 放入白萝卜碎、橙汁酱油，再根据个人喜好加入羊栖菜、对半切开的小番茄。

制作方法｜狗狗

前2步同左

3 用勺子将食物盛出约80克，分成3等份，做成小饼形状。

4 煎锅中放1/2小勺色拉油，加热，将第3步做好的小饼放入，煎至呈黄色。

5 盖上盖子，加热2~3分钟，熟透后盛出。放入狗狗的饭碗中，撒上白萝卜碎。

POINT

和狗狗一起吃豆渣减肥

肥胖的主要原因是吃得太多和动得太少。有人说肥胖是万病之源，因为肥胖将增加身体所有功能的负担。豆渣除了含有丰富的钙等矿物质，还富含蛋白质，是很好的减肥食材。此外，豆渣还含有丰富的膳食纤维，还有助于消除便秘。

猪肉中含有丰富的维生素B₁，介意脂肪的话，可以将脂肪去掉后再吃。

肥胖、糖尿病

猪肉沙拉

给狗狗

给主人

食材（两个人+一条狗的量）

猪肉薄片	200克	鲣鱼段	适量
生菜	4片	芝麻酱	3大勺
番茄	$\frac{1}{2}$个	面酱（3倍浓缩型）	2小勺
黄瓜	$\frac{1}{2}$根	小杂鱼干汤	2大勺
芦笋	2根		

制作方法 | 主人

1 将生菜切成一口大小的块，番茄切成梳子形，黄瓜斜切成薄片。

2 芦笋去根，斜切成3厘米长的段，焯一下水。

3 锅中放水烧开，将猪肉片放入锅中焯一下，烫透后捞出，过凉水并沥干水分。

4 将第1~3步处理好的食材盛入容器中，搅拌均匀。

5 将芝麻酱、面酱、小杂鱼干汤搅拌均匀后淋入，搅拌均匀。

制作方法 | 狗狗

1 用勺子将食物盛出约40克，用剪刀剪成适合狗狗吃的大小。

2 将煮好的芦笋盛出约10克，用剪刀剪成适合狗狗吃的大小。

3 将煮好的猪肉盛出约40克，用剪刀剪成适合狗狗吃的大小。

4 将第1~3步中处理好的食材放入狗狗的饭碗中，再放上鲣鱼段，拌匀。

POINT 鲣鱼是低热量的营养宝库

长期过度饮食容易肥胖，而且还有患糖尿病的危险。给狗狗放饭上的鲣鱼段，不仅增香，还是高蛋白、低脂肪的食材。鲣鱼肉中含EPA，还含有丰富的矿物质和维生素，堪称营养宝库。

腹泻时，最重要的是要大量补充水分。脂肪含量少的鸡肉和白萝卜都易于消化，对虚弱的肠胃有帮助。

便秘、腹泻

白萝卜煮鸡肉

给主人

给狗狗

食材（两个人+一条狗的量）

鸡腿肉	250克	小油菜	1棵
白萝卜	200克	酱油	1大勺
海带（5厘米见方）	3片	料酒	1大勺
豆腐	100克	味醂	1大勺

制作方法 | 主人

1 将鸡腿肉、白萝卜、豆腐都切成一口大小的块，小油菜切成3厘米长的段。

2 锅中放400毫升水，放入海带加热，煮软后，放入鸡腿肉丁、白萝卜丁、豆腐丁。

3 鸡胸肉丁煮透后，放入小油菜段，再稍微煮一下。

4 加入酱油、料酒、味醂调味，煮2~3分钟后，盛入碗中。

制作方法 | 狗狗

前3步同左

4 用勺子将食物盛出约200克，用剪刀剪成适合狗狗吃的大小，放入狗狗的饭碗中，再加入约100毫升汤汁。

POINT 白萝卜中的水分可预防脱水

白萝卜中富含能促进肠胃蠕动的淀粉酶。腹泻时，容易出现脱水的症状。白萝卜的水分含量大，易于消化，是值得推荐的食材。此外，减肥时可用白萝卜增加食物体积。若第一天吃得太多，第二天可以吃一点白萝卜。

豆腐、乌冬面的消化吸收率高，可防止肠内干燥，调整肠内环境，可改善便秘、腹泻等问题。

便秘、腹泻

牛肉豆腐乌冬面

给主人

给狗狗

食材（两个人+一条狗的量）

牛腿肉	240克	色拉油	2小勺
豆腐	100克	小杂鱼干汤	600~700毫升
金针菇	100克	酱油	2大勺
魔芋丝	100克	料酒	1大勺
乌冬面	100克	白砂糖	1大勺

制作方法 | 主人

1 将牛腿肉切成一口大小的薄片，豆腐切成3厘米见方的块，金针菇分成小根。

2 魔芋丝先用开水焯一下。

3 锅中放色拉油，加热，炒牛肉片，变色后，加小杂鱼干汤、豆腐块和第2步处理好的魔芋丝。

4 煮5分钟后，加入乌冬面和金针菇，煮2~3分钟。

5 加入酱油、料酒、白砂糖，盛入碗中，喜欢的人可以再放上鸭儿芹。

制作方法 | 狗狗

前3步同左

5 用勺子将食物盛出约210克，用剪刀剪成适合狗狗吃的大小，盛入狗狗的饭碗中，浇上约100毫升煮菜汁。

POINT 预防便秘、腹泻

造成便秘的原因主要有水分不足、肠内环境恶化、压力增大等情况。便秘导致体内毒素无法排除，引起这样那样的身体不适。而金针菇中所含的膳食纤维可促进肠胃蠕动，帮助便便顺利的下行。

如何知道狗狗喜欢吃什么

狗狗和人一样，有喜欢吃的，也有不喜欢吃的。有的狗狗只喜欢吃鱼肉，还有的狗狗虽然不喜欢吃蔬菜，但是喜欢吃甜甜的南瓜。在给狗狗做饭时，掌握狗狗的"饮食爱好"也很重要。

CHECK 01 狗狗是靠气味来吃饭的

有一种观点说狗狗的嗅觉是人类嗅觉的一百万倍，但狗狗的味觉只有人类味觉的五分之一。所以，狗狗判断食物好不好吃靠的是食物的气味而不是食物的味道。此外，食物吃起来是否方便、舌头的触感、食物的温度等也是判断的重要标准。不过，狗狗也不是完全吃不出食物的味道，对特别甜的味道就有很强烈的感觉，表现出喜欢的样子。

第一步	第二步	第三步
首先，给狗狗试吃各种各样的食物，一种给一点点，看它什么反应。刚开始狗狗可能没兴趣。可将食物加热、切细，让食物的气味释放出来，狗狗可能就感兴趣了。对新见到的食材，狗狗可能出现戒备、吐出来等情况，这种情况下不要逼着它吃，应当见机行事。	同一种食材，不同的烹饪方法，狗狗也可能有的喜欢，有的不喜欢。生吃、煮、烤……各种烹饪方式不妨都试一试。一般来说，将食材煮软后吃是最易于消化的。但是有的狗狗喜欢吃又生又硬的生蔬果。看看狗狗的大便，如果消化得很好，可以直接给它吃生的。不过应当切碎后再给，以避免卡在喉咙处噎着。	知道狗狗喜欢吃什么之后，还可继续试一试气味、口感、味道相似的食材。如狗狗喜欢吃加热后的胡萝卜，也许还会喜欢熟南瓜、熟红薯。此外，如果狗狗喜欢吃生黄瓜，不妨再试一试同样口感清脆的圆白菜、苹果等。逐渐增加狗狗的食材种类，也很重要。

CHECK 02 将狗狗喜欢吃的食物和不喜欢吃的食物组合在一起

狗狗喜欢吃某一种食物，也不能一直给它吃同样的食物。偏食可能导致肥胖、疾病。狗狗不喜欢吃饭的时候，或者要给狗狗吃一种以前不曾吃过的新品种食物时，可以和狗狗喜欢吃的食物混在一起给它吃。这样一来，狗狗的食物选择面就拓宽了。除了过敏和疾病所限，尽量给狗狗吃各种各样的食物。可以将食物切成碎末，做成汉堡包或者肉丸子，或加工成糊状，用狗狗喜欢的食物包起来试一试。

03 | 增进狗狗的食欲

狗狗不喜欢吃饭的时候，可以在饭上放一些"味精"增香。市面上有狗狗专用的"味精"出售，也可以自己动手制作。

狗狗也喜欢海带木鱼汤的味道

最简单制作"味精"的方法是，将干性食材放入食物料理机中打成粉末。鲣鱼段、海带、干的海带汤料、小杂鱼干等，制作小杂鱼干汤的食材的味道都有增进狗狗食欲的作用。如果对盐分介意，也可以使用煮过一次小杂鱼干汤后的、无盐的食材。

鲣鱼"味精"

制作"味精"的干性食材

▼

鲣鱼段、海带、干的海带木鱼汤料、小杂鱼干、樱花虾、干燥的裙带菜、海苔等

樱花虾"味精"

制作自家狗狗的专享"味精"

蔬菜干和水果干、不易消化的豆类等均可加工成粉末状，提高营养价值，让狗狗吃原本不喜欢吃的食物。蔬菜干可以用微波炉简单方便地制作出来。制作一些自家狗狗喜欢的特色"味精"，放在饭里给它吃吧。

蔬菜干的制作方法

1　将狗狗喜欢的蔬菜切成薄片，用厨房纸擦干水。

2　在盘中铺上烘焙纸，将蔬菜片平铺，用微波炉加热1~2分钟，取出翻面，再加热1分钟左右。

不同种类的食材，不同厚薄的食材，加热的时间都不同。加热时要注意掌控时间。

3　分成狗狗用和主人用，在主人用那一份中加盐。

給主人

可以用同一个餐盘一起吃的、简单易做的食谱。
狗狗的饭菜要放凉后，蘸上狗狗喜欢的佐料汁后再给它吃。

两种佐料汁的烤肉

给狗狗

佐料汁的香味能增
进食欲
可以一家人一起吃
真是其乐融融

食材（两个人+一条狗的量）

牛腿肉薄片·····················250克
南瓜·····························50克
柿子椒··························3个
胡萝卜··························$\frac{1}{3}$根

狗狗的佐料汁
●鲣鱼佐料汁
小杂鱼干汤·····················10毫升
白芝麻··························$\frac{1}{2}$小勺
鲣鱼段··························适量

豆芽·····························100克
主人的佐料汁
烤肉佐料汁（市售）···············适量

●樱花虾佐料汁
小杂鱼干汤·····················10毫升
香油····························$\frac{1}{2}$小勺
樱花虾··························适量

制作方法｜主人

1 南瓜切成约5毫米厚的片，柿子椒去子后切成4等份，胡萝卜切成薄片。

2 加热烹饪用电烤盘，用厨房纸刷油，将肉、蔬菜放上去烤。

3 烤透之后，蘸上市售的佐料汁就可以吃了。

制作方法｜狗狗

前2步同左

3 取出约80克的蔬菜和约50克的牛肉片，用剪刀剪成适合狗狗吃的大小（图A），蘸狗狗专用的佐料汁，就可以给它吃了。

POINT

佐料汁的香味能增进食欲

试着制作一个狗狗喜欢吃的佐料汁。鲣鱼段佐料汁、樱花虾佐料汁中既有小杂鱼干汤的香味，又有鲣鱼、樱花虾、芝麻的香味，能增进食欲。这些佐料汁就连主人吃了也会喜欢的，请你一定要试一试。当然，什么佐料汁都不蘸也可以吃。

图 A

刚开始做这道菜时，也可以将蔬菜切碎后再烤。

市面出售的鸡蛋肉饼中，有的会含有对狗狗来说有毒的葱、洋葱等添加物。要想让狗狗吃得安全又放心，最好的办法就是自己动手做。

有好多肉的鸡肉丸子锅

给狗狗

肉馅、香菇、小杂鱼干汤
各种各样的香气和风味
从胃到心都得到极大满足

食材（两个人+一条狗的量）

鸡肉馅	300克
白菜	4大片
胡萝卜	$\frac{1}{2}$根
香菇	4个
小杂鱼干汤	700毫升
主人的佐料汁	
水果醋（市售）	适量

	盐	$\frac{1}{2}$小勺
A	姜末	2小勺
	料酒	2小勺
	酱油	2小勺
	料酒	2小勺
B	味醂	2小勺
	盐	$\frac{1}{2}$小勺

制作方法｜主人

1 将白菜切成一口大小的块，胡萝卜去皮后切成丝，香菇去老根后打上花刀。

2 取鸡肉馅210克，放入调料A，拌匀后做成一口大小的丸子。

3 将给主人做的丸子和调料B放入锅中煮，丸子浮起来后，加入其他蔬菜煮透。

制作方法｜狗狗

第1步同左

2 取出约90克肉馅做成丸子（图A）。

3 锅中放入小杂鱼干汤，煮开后加入上一步做好的丸子，煮3分钟。再加入约30克白菜、约20克胡萝卜，继续煮。

4 丸子煮熟后，将食物捞出，用剪刀剪成适合狗狗吃的大小，放入狗狗的饭碗中，浇上约100毫升的煮菜汁。

POINT

肉的种类可选择自己喜欢的

本菜谱中用的鸡肉馅，也可以换成牛肉馅、猪肉馅等自己喜欢的肉馅。如果用鱼肉制作丸子锅，不仅是健康食谱，而且，如果将蔬菜剁碎后加入丸子中，就算是不爱吃蔬菜的狗狗也会吃得很开心。变换各种各样的食材，增加食谱的花样，让狗狗吃得更高兴吧。

图A

用勺子就能做出丸子

用勺子就能简单地做出丸子，还不会弄脏自己的手。先将肉馅搅拌上劲（有黏性），然后用两个勺子倒几次，就能做出一口大小的丸子。

特别的日子里，一起吃一次牛肉火锅吧。小杂鱼干汤与食材的味道融合发出香味，让食欲大增。狗狗也会非常高兴的。

牛肉火锅

给狗狗

煮菜汁里满满的食材风味
拌着饭也吃得快了
鸡蛋要充分加热哟

食材（两个人+一条狗的量）

牛腿肉······················300克
白菜······························4片
豆腐······················200克
金针菇····················100克
小杂鱼干汤··············350毫升
鸡蛋······························2个

A 浓口酱油（也可用普通酱油）··········1小勺
A 白砂糖····························2小勺
酱油······························3大勺
B 白砂糖····························2大勺
料酒······························2大勺

制作方法 | 主人

1 将牛腿肉、白菜、豆腐都切成方便食用的大小，金针菇分成小根。

2 锅中放入色拉油加热，炒牛肉丁。炒透后盛出。

3 锅中放入小杂鱼干汤煮开，加入豆腐丁和金针菇，稍后再加入牛肉丁、白菜块，煮一下。

4 加入调料B，煮1分钟。

5 将鸡蛋打入，打散。

制作方法 | 狗狗

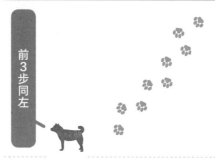

前3步同左

4 将食物盛出约160克，用剪刀剪成适合狗狗吃的大小；将煮菜汁盛出约100毫升，在煮菜汁中加入调料A。

5 将食物和煮菜汁混合后盛入狗狗的饭碗中。趁热打入一个鸡蛋，拌匀后吃。

POINT 1
同桌吃饭时要盯紧狗狗

一家人和狗狗坐在一起，围着桌子吃饭是件很快乐的事情。食欲旺盛的狗狗会想吃主人的饭菜。但人吃的饭菜里，有些食材狗狗不能吃，有些食材狗狗吃了会肥胖。所以，千万不要以为"给狗狗吃一点没关系"。狗狗也可能趁主人不注意吃主人的饭菜，所以同狗狗一桌吃饭时，一定要多加注意。

POINT 2
生鸡蛋要加热

鸡蛋中含有丰富的蛋白质、矿物质，对于狗狗的健康而言是非常理想的食物。但是，有的狗狗无法消化生鸡蛋。可以趁饭菜热的时候，将鸡蛋拌入，并充分搅拌后，再给狗狗吃。

給主人

鸡汤涮涮锅一样的火锅，
用加了隔断的锅，
狗狗能吃的食材也能同时煮。

鸡肉涮涮锅

給狗狗

即使主人非常忙
也能马上做出来的
美味餐

食材（两个人+一条狗的量）

鸡翅根	5个	胡萝卜	1根
海带（5厘米见方）	2片	豆腐	100克
牛腿肉（火锅用）	250克	大葱	1根
白菜	3大片	喜欢的佐料汁	适量

制作方法｜主人

1 将白菜叶切成一口大小的块，白菜心切成1厘米长的段，胡萝卜切薄片，豆腐切成一口大小的块。

2 另用一个菜板和菜刀，将大葱斜刀切成薄片。

3 火锅左右两个小锅中分别放入海带、鸡翅根（主人的锅中放3个，狗狗的锅中放2个），开火。

4 将煮出的沫撇干净，约20分钟后，将鸡翅根捞出来。

5 放入给主人吃的蔬菜和豆腐。

6 将牛腿肉放入锅中烫熟。

制作方法｜狗狗

前4步同左

5 放入白菜、胡萝卜、豆腐各约30克。

6 将约50克牛腿肉放入锅中烫熟。

POINT 1

给鸡翅根脱骨

煮鸡汤用的鸡翅根上的肉，狗狗也能吃。但是，鸡骨头不能给狗狗吃。煮过的鸡骨头可能扎伤狗狗的喉咙或者肠胃，所以，鸡翅根一定要脱骨后再给狗狗吃。

POINT 2

要特别注意葱含有的化学成分

葱含有的化学成分会引起狗狗中毒，所以在处理葱时要用另外的菜板和菜刀。处理完后要将手彻底清洗干净。而且，狗狗的火锅与主人的火锅一定不能混淆。无论蔬菜和汤，都要分清楚。

给主人

将狗狗的大爱——牛肉和酸奶组合在一起的一个食谱。
酸奶的酸味淡淡的，很好吃。

酸奶牛肉

给狗狗

满满的牛肉味道
口感十足
满足感也十足

※实际给狗狗吃的时候
应将各种食材拌匀。

食材（两个人+一条狗的量）

牛肉	300克	粗胡椒碎	适量
胡萝卜	1/2根	米饭（狗狗的）	30克
豇豆	6~7根	酸奶	3大勺
盐、胡椒粉	各适量	帕尔玛奶酪	2大勺

制作方法 | 主人

1 将牛肉切成2~3厘米见方的丁，胡萝卜切成一口大小的块。

2 锅中放水烧开，煮一下胡萝卜丁，5分钟后放入豇豆煮1分钟，迅速捞出。

3 煎锅中放色拉油加热，放入牛肉丁煎透后盛出。

4 给主人的牛肉丁上撒适量盐、胡椒粉。

5 将酸奶和帕尔玛奶酪混合均匀。

6 加入粗胡椒碎，拌匀后淋在蔬菜、牛肉丁上。

制作方法 | 狗狗

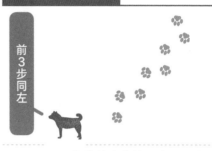

前3步同左

4 用勺子将蔬菜盛出约30克，用剪刀剪成适合狗狗吃的大小。取出30克牛肉丁，用剪刀剪成适合狗狗吃的大小。盛入狗狗的饭碗中。

5 加入酸奶、帕尔玛奶酪、拌匀。

POINT 1

牛肉是狗狗的大爱

　　狗狗最早的时候是食肉动物，而且在各种肉当中最喜欢牛肉，其后依次是猪肉、羊肉、鸡肉。如今，市面上还有狗狗专用的马肉出售。马肉的脂肪少，健康，很受大家的欢迎。也可以将牛肉换成其他种类的肉试一试。

POINT 2

用鲣鱼段和绿海苔加以点缀

　　用鲣鱼段和绿海苔代替酸奶，狗狗也喜欢吃。海苔富含膳食纤维、钙、维生素等营养素。

给主人

用微波炉就能制作的快手食谱，
浇汁那种黏黏糊糊的口感能增加狗狗的食欲。

给狗狗

浇汁金枪鱼

食材（两个人+一条狗的量）

金枪鱼段	300克	蟹味菇	100克	酱油	1大勺
胡萝卜	$\frac{1}{3}$根	小杂鱼干汤	200毫升	黑醋	$1\frac{1}{2}$大勺
柿子椒	1个	水淀粉	1大勺	白砂糖	1小勺

制作方法｜主人

1 将金枪鱼段擦干水，分成两三等份。胡萝卜、柿子椒切碎，蟹味菇分成小朵。

2 将第1步处理好的食材摆放在耐热器皿中，相互之间留出一点间隔，放微波炉里加热2~3分钟。

3 制作浇汁。将小杂鱼干汤倒入耐热容器中，加热2分钟，加入水淀粉，充分搅拌后，再加热1分钟。

4 将酱油、黑醋、白砂糖加入剩下的浇汁中，搅拌均匀。

制作方法｜狗狗

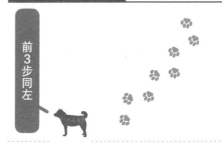

前3步同左

4 将约60克金枪鱼、约40克其他食材盛出，用剪刀剪成适合狗狗吃的大小。盛出约50克浇汁，与$\frac{1}{2}$小勺黑醋混合均匀。将食物与浇汁混合均匀。

POINT

黑醋中所含氨基酸可净化血液

黑醋中含有丰富的必需氨基酸、维生素、矿物质等营养素。其中，赖氨酸、亮氨酸等能促进狗狗生长。有些狗狗不喜欢黑醋的味道，也可以不放。

也能一起吃饭

即使没有时间

时间紧张的时候，自己动手做饭是很困难的。下面推荐一些这种时候轻松就能搞定的食物。和少量冷藏过夜的米饭拌一拌，放在狗粮上面，就可以给狗狗吃了。需要注意的是看清楚食品成分中有没有对狗狗有害的物质。

□ 纳豆

独特的气味和味道能增进食欲，是狗狗也喜欢的食物。纳豆菌有调整肠内细菌的作用，对狗狗也同样重要。

对大豆不消化、吃得太快的狗狗，可以将纳豆切成碎末后给它吃。不要给狗狗吃佐料汁、酱油、芥末等。

□ 玉米片

以玉米为主要原料制作而成，营养均衡的优质食物。用牛奶、豆浆或少量无糖酸奶稍微拌一拌，就可以给狗狗吃了。

玉米片热量高，所以不适合给正在减肥的狗狗吃。另外，最好选择不含白砂糖、巧克力等的原味型。

□ 金枪鱼罐头

打开就能吃的罐头食品，适合在没有时间做饭的早晨食用。金枪鱼罐头中含有蛋白质、钙、磷、镁等营养素，很健康。

人吃的金枪鱼罐头是经过调味的，加入了很多盐、添加剂。一点点的盐分问题不大，别给狗狗吃太多就行了。

□ 青花鱼罐头

青花鱼属于青鱼，富含DHA和EPA。水煮青花鱼罐头连鱼骨都煮得很软，可以吃，所以不必去骨，还能给狗狗充分补钙。

看清罐头包装上的说明，确认是否有盐和添加剂，将鱼块充分打散后再给狗狗吃。

□ 麦麸（麦糠）

大多当作狗狗的零食出售，蛋白质含量高，但热量低，是一种减肥食材。和汤或者小菜一起煮，还能增加食物的体积。

以面筋为主要食材的食物。最好用剪刀剪成一口大小再给狗狗吃。注意，对小麦过敏的狗狗不能吃。

简单快速的技巧

每天做饭的时候，稍微用一点技巧，就能快速地完成。
减少不必要的负担，快乐地做饭，才能长期坚持给狗狗做饭。

01

利用冷冻保存提前准备食材

给狗狗做饭需要不止一种食材。有时就会觉得麻烦。如果提前将食材准备好，做饭时就能顺利地快速完成了。

蔬菜	畜禽肉	鱼肉
切成1厘米见方的丁 冷冻保存	煮一下再 冷冻保存	去刺后 冷冻保存

蔬菜好好清洗后，沥干水分，切成1厘米见方的丁，放入密封袋中冷冻保存。可以将食材平放入密封袋中，用皮筋按每次的量扎好，就更方便了。在制作浇汁的或者煮的饭菜时，食材不用解冻，可直接使用。

肉类应分割后切成一口大小的块或片，再冷冻保存。如果先煮一下再冷冻的话，不仅可以保存得更久一些，而且还能缩短烹调时间。虽然肉类的美味有一些损失，但是狗狗感受不到肉类的美味，所以也不会有问题。

鱼可以经烧、煮等加热处理后将鱼身拆散，去除小刺。小刺有可能扎伤狗狗的喉咙和肠胃。冷冻保存的时候，如果有空气进入就会结霜。所以建议使用密封性好的容器或保鲜袋。

混合蔬菜

将多种蔬菜提前混合好就方便（以后做饭）了。除了胡萝卜、白萝卜等，还可准备一些莲藕、牛蒡之类的。

煮后连汤一起保存

煮肉的汤有刺激狗狗食欲的效果，还可以给狗饭增加香味，补充水分。用制冰格将肉汤冷冻保存，每次取一小块来用，就很方便了。

将鱼打成酱

用料理机将鱼连肉带刺打成酱，若用高压锅加热到刺都软烂，就不用去刺了。鱼肉酱还可以做成鱼丸。

02
技巧

时间紧时的微波炉活用术

有人说"想给狗狗做饭但是没有时间"。这种时候，可以灵活运用微波炉。将蔬菜切成1厘米见方的丁，放入耐热容器中，稍用水打湿一下，用纸盖上后，用微波炉加热。主人可以利用这个时间做自己吃的饭。薄的猪五花肉、鸡胸肉片也可以放入其中。如果是猪肉的话，一定要保证热透了。

03
创意

更多更方便的创意

利用更方便的食材和创意，不花什么时间，不用特别麻烦，就能给狗狗做饭。下面介绍一些小创意，有助于坚持给狗狗做饭。

一口大小的食材

市面出售的蔬菜碎、小颗粒通心粉、切成丁的鸡肉等，已经加工成一口大小的食材，能大幅度缩短烹调时间。对谷类消化能力差的狗狗，混合蔬菜应加热后稍微捣烂一点再给它吃。

混合蔬菜
（不含葱类蔬菜）

小颗粒通心粉
（葱管粉）

食物料理机

蔬菜、肉类等食材都可以打成小碎末。此外，还能将干性食材加工成粉末状，撒在狗狗的饭上。

切片机

可以将生的蔬菜、水果切成片铺在饭上，也可以当零食吃。此外，制作蔬菜片时也可以用。

生鱼片

没有骨头和刺，不需要提前处理。因为可以生食，所以可直接铺在饭上给狗狗吃。

带隔断的煎锅

带隔断的煎锅，在制作早餐、盒饭时特别方便。这种锅可以同时烹调多份食物，所以，如果能做到不混淆食物的话，可以同时完成主人和狗狗的饭。

草莓奶酪蛋糕

酸酸甜甜的草莓富含维生素C。
高热量的鲜奶油是特殊日子的奖励。

甜甜的鲜奶酪让人兴奋不己
立刻一口吃光
什么时候再给吃呢

给主人

给狗狗

食材（两个人+一条狗的量）

（海绵蛋糕：22厘米×22厘米的烤盘1盘的量）

低筋面粉	75克
酵母粉	1克

A

鸡蛋	2个
低聚糖	15克
橄榄油	20克

草莓果冻乳酪

草莓果泥	150克
明胶	10克
水	60毫升
白砂糖（主人用）	3大勺

B

奶油奶酪	200克
鲜奶油	150克

草莓咕喱

草莓	100克
明胶	3克
水	15毫升

装饰物

发泡奶油、草莓、薄荷	适量

○ **提前准备**

烤盘上先铺一张烘焙纸，将烤箱预热到180℃。
草莓去蒂，用搅拌器打成果泥。
固体奶油奶酪恢复常温，混合成鲜奶油。
在耐热容器中加水、明胶，泡5分钟后，用微波炉加热。

制作方法丨主人

1 将材料A放入一个容器中，边隔水加热边用手动打蛋器打发。

2 加入已经过筛的低筋面粉和酵母粉，用硅胶刮刀翻拌。

3 放入已经预热的烤箱中烤15分钟。稍凉一点后，整成直径6厘米的蛋糕。

4 往材料B中一点一点地加入草莓果泥和明胶，混合均匀。

5 再加入白砂糖，充分混合均匀。均匀倒在模型中做好的海绵蛋糕上，然后将蛋糕放入冰箱冷冻室中冷冻成型。

6 将明胶加入提前准备好的草莓果泥中，再加入白砂糖，充分混合。

7 倒在草莓果冻乳酪上，放入冰箱冷冻室中冷冻成形。还可根据自己的喜好，在蛋糕上面放一点草莓、发泡奶油、薄荷作为装饰。

制作方法丨狗狗

前4步同左

5 加白砂糖前分出一半的量，均匀地倒在模具中做好的海绵蛋糕上，然后将蛋糕放入冰箱冷冻室中冷冻成型。

6 加入明胶后、加入白砂糖前，先分出一半的量，盛出来。

7 倒在草莓果冻乳酪上，然后放入冰箱冷冻室中冷冻成型。

POINT

狗狗也能吃鲜奶油

乳制品中含有乳糖，狗狗不易消化，可能会引起腹泻等问题。而鲜奶油中的乳糖已经完全分解，不会再有这方面的问题。但是，脂质、糖分的含量增加了，可能造成肥胖。所以，只适合在生日等特殊日子里享用。

给怕长胖的狗狗吃酸奶，
酸奶对狗狗来讲也是非常健康的。

酸奶蛋糕

给主人

给狗狗

柔软而蓬松的蛋糕
酸奶的鲜奶油
也让口水直流

食材（两个人+一条狗的量）

海绵蛋糕
蛋清 ··3个
蜂蜜 ···1大勺
蛋黄 ··3个
橄榄油 ···1大勺
豆浆 ···2大勺
低筋面粉 ··75克
狗狗的奶油
酸奶 ··50克
蜂蜜 ···2小勺

主人的奶油
鲜奶油 ··100毫升
白砂糖 ···2大勺
装饰物
草莓 ··8个
装饰用薄荷 ··适量

> ◎ 提前准备
>
> 面板上先铺一张烘焙纸。
> 将烤箱提前预热到180℃。
> 碗和筛子叠放，铺厨房纸，倒入酸奶，入冰箱冷
> 藏4小时至1晚，去除水分。

制作方法｜主人

1 将鲜奶油和白砂糖放入碗中，打发。将装饰用的1/3装入带裱花嘴的裱花袋中。

2 草莓去蒂，5个草莓竖着切成4等份，1个对半切开，1个切成5毫米见方的丁（留一个给狗狗），以备装饰时使用。

3 将蛋清和蜂蜜放入一个碗中，用打蛋器打发至出角（提起打蛋器时蛋白随之立起成一个尖角）。

4 另取一个碗，按顺序加入蛋黄、橄榄油、豆浆，混合在一起，充分搅匀。筛入低筋面粉，充分混合均匀至没有面粉团。

5 将第4步混合均匀的蛋黄酱倒入第1步打发好的蛋清中，翻拌均匀后倒入烤盘中，放入预热好的烤箱中烤12~15分钟。

6 烤箱和蛋糕的温度下降一点后，将蛋糕从纸上取出，平均分切成8个长条。

7 在海绵蛋糕上涂抹第1步打发好的奶油，将第2步中切好的草莓卷起来。一共卷6条。

8 挤上装饰用的鲜奶油，放上对半切开的草莓和草莓丁，用薄荷装饰一下。

制作方法｜狗狗

1 将去掉水分的酸奶和蜂蜜混合均匀。

2 取1个草莓，拦腰切成两半。

第3至6步同左

7 在蛋糕上涂抹第1步处理好的蜂蜜酸奶，卷上第2步处理好的草莓。一共卷2条。

POINT 用酸奶代替鲜奶油

对有肥胖趋势的狗狗可以用酸奶代替鲜奶油。酸奶和奶油一样，所含乳糖比牛奶少。酸奶中所含的乳酸菌是一种益生菌，可改善便秘、腹泻等问题。

这是一款由南瓜充当主角的蛋糕。虽然狗狗没有和人一样灵敏的味觉，但是南瓜的甘甜还是能吃出来的。不用说，营养也很丰富哟。

南瓜蛋糕

给主人

水分含量较大的
蛋糕底坯
味道朴素
南瓜的甘甜很突出

给狗狗

食材（两个人+一条狗的量）

去皮南瓜·····················120克
奶油·······················40克
蛋黄························2个
低筋面粉·····················40克
带皮南瓜（装饰用）··············适量
枫糖浆（主人用）···············适量

◎提前准备
奶油放室温中放软。
低筋面粉提前过筛。
烤箱预热到190℃。

制作方法 | 主人

1 将去皮南瓜切成适合的大小，煮成糊糊状；将装饰用带皮南瓜切成适合的大小，煮熟，备用。

2 将奶油放入碗中，完全搅散，加入蛋黄，充分混合均匀。

3 加入低筋面粉，混合均匀后，倒入玛芬杯或者硅胶杯中，放入提前预热好的烤箱中烤15分钟。

4 等蛋糕的温度降低一点后，将装饰用的南瓜放在蛋糕上面。

5 根据个人的喜好，加入适量的枫糖浆。

制作方法 | 狗狗

前4步同左

5 将狗狗吃的分出来，用剪刀剪成一口大小后给狗狗。

POINT 1

将吃不完的部分
冷冻保存

可以当作零食，每天给狗狗吃一个。当天没吃完的部分，可以用保鲜膜包好后放入冰箱，冷冻保存。

POINT 2

用南瓜制作的零食
预防生活习惯病

南瓜也是狗狗喜欢的蔬菜。在营养价值高的蔬菜中，南瓜的维生素E含量位居前列，且维生素C和β-胡萝卜素的含量也很高。不过，生南瓜不利于消化，给狗狗吃的时候一定要做熟。特别是南瓜皮，比较硬，必须充分加热至变软后再给狗狗吃。

用角豆粉代替巧克力制作而成的蛋糕。在下午茶时间、派对时间，和家人、朋友一起享用吧。

给主人

巧克力风
香蕉蛋糕

给狗狗

因为没有放巧克力，狗狗也可以
放心食用
狗狗和主人一起吃
真的很高兴

食材（两个人+一条狗的量）

香蕉（去皮）·····2根	低筋面粉·····100克
水·····50毫升	发酵粉·····5克
核桃碎·····15克	角豆粉·····15克
用水搅开的鸡蛋·····50克	

◎ 提前准备
核桃切碎。
烤箱预热到180℃

制作方法 ｜ 主人

1 将一根香蕉和水放入碗中，用勺子背将香蕉捣成糊状。另一根香蕉用刀切成1厘米见方的丁。

2 在香蕉糊中加入用水搅开的鸡蛋和色拉油，用打蛋器充分搅拌均匀。

3 加入切成丁的香蕉和核桃碎，轻轻混合均匀，将低筋面粉、发酵粉、角豆粉筛入其中，用硅胶刀翻拌均匀。

4 倒入玛芬模具中，放入提前预热好的烤箱中烤20分钟。

制作方法 ｜ 狗狗

前4步同左

➡ **5** 将狗狗吃的盛出来。

POINT 1

去掉包装纸后再给狗狗

给狗狗吃东西的时候，为了避免它误食不能吃的部分，应该将食物的包装纸去掉后再给它。而且，体积较大的食物，应该掰开后再给它。

POINT 2

利用角豆粉营造巧克力风

巧克力和可可中所含的咖啡因和可可碱对狗狗而言有毒。角豆粉有一点可可豆的苦味和甜味，可用来代替巧克力和可可。而且，角豆粉中含有丰富的铁和膳食纤维。

给主人

这是一份圣诞大餐，牛肉和奶酪的香味都能激发食欲，分量方面也是满分。

煮牛肉

给狗狗

圣诞节时
我最喜欢的牛肉
煮了一大锅
特别的大餐

食材（两个人+一条狗的量）

牛肉（炖肉用的肉丁）·······················200克
土豆（中等大小）······························2个
胡萝卜···1/2根
柿子椒···3个

小杂鱼干汤·····································400毫升
高汤··适量
盐、胡椒粉···各适量
帕尔玛奶酪···1大勺

制作方法丨主人

1 将土豆去皮后切成一口大小，用水漂洗一下。胡萝卜去皮，切滚刀。柿子椒去子，切成一口大小。

2 锅中放色拉油，加热，将除柿子椒以外的食材都放入锅中炒一炒。

3 牛肉丁表面炒出焦黄色后，加入小杂鱼干汤，煮10分钟。

4 牛肉丁煮熟后，加入柿子椒丁，煮一小会儿。

5 加入高汤、盐、胡椒粉调味。

制作方法丨狗狗

前4步同左

5 将食物盛出约215克，放入碗中，用剪刀剪成适合狗狗吃的大小。加入帕尔玛奶酪。

POINT 1

牛肉是狗狗的大爱，营养方面也很优秀

狗狗是以肉食为主的杂食性动物，基本上都爱吃肉。牛肉有狗狗特别喜欢的香味，是大多数狗狗都会喜欢的动物性食材。牛肉中的红肉部分含有蛋白质和矿物质，还有身体易于吸收的血红素铁。和蔬菜、谷物中所含的血红素铁相比，其吸收率约是后者的7倍。所以，处于贫血边缘的狗狗、体温低的狗狗应该多吃。不过，多吃牛肉要注意预防肥胖的问题。

POINT 2

最上面放帕尔玛奶酪

帕尔玛奶酪能激发狗狗的食欲，但是含盐量和热量都比较高，注意别给狗狗吃太多了。

用富含矿物质的海带汤制作的烩菜。可以从中摄取维生素和膳食纤维，从胃开始温暖全身。

白色杂烩菜

给主人

给狗狗

西蓝花的甘甜和口感
肉质肥厚的凤尾菇在
齿间的感觉
绝妙的搭配呀

食材（两个人+一条狗的量）

鸡腿肉	250克
胡萝卜	1/2根
南瓜	100克
土豆	2个
凤尾菇	100克
西蓝花	5~6小朵
樱花虾	1大勺
牛奶（或豆浆）	200毫升
海带小杂鱼干汤	500毫升
盐、胡椒粉	各适量

制作方法丨主人

1 将鸡腿肉、胡萝卜、南瓜、土豆都切成一口大小，凤尾菇分成小朵，西蓝花提前煮一下。

2 锅中放入海带小杂鱼干汤和樱花虾，加热。烧开后，将肉和蔬菜都放进去煮。

3 胡萝卜煮软后，改小火，加入牛奶（或豆浆），煮成糊状后关火。

4 加入盐、胡椒粉调味。

制作方法丨狗狗

前3步同左

4 用勺子将食物盛出约135克，放入狗狗饭碗中，用剪刀剪成适合狗狗吃的大小，加入约100毫升的煮菜汤。

POINT 1

从海带小杂鱼干汤中摄取膳食纤维

海带中含有海藻特有的水溶性膳食纤维——藻朊酸，有控制糖、脂肪吸收和抑制胆固醇升高的作用。水溶性膳食纤维具有易于消化的特性，可放心地给狗狗食用。此外，海带中还富含钙、有消除疲劳作用的维生素B_1、维生素B_2等营养素。还可以将煮海带小杂鱼干汤的海带切成小块后给狗狗吃。

POINT 2

凤尾菇能提高钙的吸收率

凤尾菇含有维生素D，和胡萝卜、牛奶、虾等食材搭配食用可提高钙的吸收率。

在值得庆祝的日子里，和狗狗一起吃卷寿司。貌似有很多狗狗都喜欢醋饭与海苔的搭配，真有点让人感到意外。

给主人

卷寿司

给狗狗

狗狗特别喜欢寿司
让人喜欢到脑残的醋饭和醋饭上那些新鲜的
蔬菜和肉也是我的最爱

食材（两个人+一条狗的量）

米饭	260克
胡萝卜（长10厘米）	2根
芦笋（长10厘米）	2根
烤海苔	$1\frac{1}{2}$片
黄肌金枪鱼（1厘米宽、10厘米长）	3块
厚蛋烧（1厘米宽、10厘米长）	3块

主人的

米醋	1大勺
A 白砂糖	1大勺
盐	少许

狗狗的

米醋	1小勺
B 白砂糖	0.5小勺

制作方法 | 主人

1 将调料A充分混合均匀后，加入400克温米饭中，边用扇子扇，边用饭勺翻拌一下。

2 将胡萝卜、芦笋提前焯水。

3 将烤海苔放在寿司帘子上，近端留出1厘米，远端留出2厘米，将第1步中处理好的米饭铺在海苔上。

4 在米饭中央靠近自己的地方逐一摆上2根黄肌金枪鱼、1根厚蛋烧、1根胡萝卜、1根芦笋。

5 从靠近自己的一方开始卷帘子，将食物卷起来。

6 切成方便食用的大小，盛入容器中。

制作方法 | 狗狗

1 将调料B充分混合均匀后，加入60克温热的米饭中。边用扇子扇，边用饭勺翻拌一下。

2 将半张烤海苔铺在寿司帘子上，边缘留出1厘米，均匀地铺上第1步处理好的醋饭中的一半。

3 醋饭留出边上1厘米，放上一根黄肌金枪鱼、1根厚蛋烧、1根胡萝卜、1根芦笋。

4 利用帘子将食材卷起来。

5 切成2厘米的段，放入狗狗饭碗中。

POINT 1

海苔是身体喜欢的营养宝库

海苔是含有多种营养素的健康食材。从海苔中可以摄取蛋白质、钙、叶酸、胡萝卜素、铁、膳食纤维等。而且，海苔的热量低，还可以当作零食。狗狗基本上都能咬断海苔，所以，给狗狗吃寿司时，主人还可以用手拿着寿司喂狗狗。狗狗很喜欢海苔的风味，在狗狗的饭上面放一点就能激发狗狗的食欲。所以，可以跳出普通的食用方法，灵活应用。

POINT 2

米醋有益健康

米醋是以米为原料加工而成的发酵食品，含有醋酸、柠檬酸、氨基酸，有利于消除疲劳、改善肠内环境，抗菌作用强，适合制作盒饭时使用。

迎接新年时，用适合新年吃的蔬菜
做上满满一大碗的过年菜，和狗狗
一起享受新年美食吧。

过年饭

给主人

一年一度的新年大餐
蔬菜和肉都很多
新的一年要继续加油

给狗狗

※图片中因为盛放在浅
盘中，所以没有加入煮
菜的汤汁。

食材（两个人+一条狗的量）

南瓜金团	**猪肉片（薄片）**…………12片	**豇豆**…………3根
南瓜（去皮）…………100克	A｛酱油…………2小勺	冬瓜（加工成松的造型）……6个
豆浆…………1大勺	味酥…………1小勺	白萝卜（加工成梅的造型）……6个
枸杞子…………适量	白砂糖…………1小勺	小杂鱼干汤…………400毫升
盐…………适量	**蔬菜煮鸡肉**	B｛酱油…………2大勺
肉卷牛蒡	鸡腿肉…………250克	白砂糖…………2小勺
胡萝卜…………80克	南瓜…………80克	味酥…………2小勺
牛蒡…………80克	白萝卜…………80克	
豇豆…………8根	土豆…………4个	

制作方法丨主人

1 制作南瓜金团。将南瓜切成合适的大小，煮软。

2 取2/3的南瓜，加盐调味，分成2等份，用保鲜膜包起来，拧成茶巾型，在上面放2粒枸杞子。

1 制作肉卷牛蒡。将胡萝卜、牛蒡切成5厘米长的细丝。取3/4的胡萝卜丝和牛蒡丝、6根豇豆，备用。

2 将3片猪肉片重叠着铺开，放上1/3胡萝卜丝、1/3牛蒡丝、2根豇豆，卷起来。用同样的方法再卷2个。

3 加入调料A，煮一下。煮透后盛出，切成3等份。

1 制作蔬菜煮鸡肉。鸡腿肉切成一口大小的块，南瓜、白萝卜切碎，土豆去皮后切成一口大小的块，豇豆切成3厘米长的段，冬瓜、胡萝卜、豇豆、土豆按照顺序提前焯一下。

2 锅中放入色拉油，炒鸡肉丁，表面变色后，加入小杂鱼干汤、白萝卜丁、南瓜丁。

3 白萝卜丁煮熟后，加入土豆丁、胡萝卜丁、冬瓜丁，煮2~3分钟。

4 加入调料B，煮3~5分钟，放凉后加上豇豆段。

制作方法丨狗狗

第1步同左

2 趁热将剩下1/3的南瓜碾成糊状，加入豆浆，混合均匀，放凉。分成2等份，用保鲜膜包起来，拧成茶巾型，放入容器中，在上面装饰2粒枸杞子。

1 剩下的1/4豇豆煮30秒后捞出，胡萝卜丝和牛蒡丝入锅焯2分钟左右。

2 取3片猪肉重叠着铺开，放上胡萝卜丝、牛蒡丝、豇豆，卷起来。

3 煎锅中放入色拉油加热，将封口朝下放入锅中煎一下，略放凉后，用刀切成4等份。

前3步同左

4 将鸡肉丁、南瓜丁、白萝卜丁盛出约80克，用剪刀剪成方便狗狗吃的大小。取2片胡萝卜、2块冬瓜、约160毫升煮菜汁，放凉后再将一根豇豆剪成小段后加入。

健康检查表

通过检查确认狗狗的身体状况。
狗狗不善于表达自己身体不适。
即使平时一直生活在一起，
也可能常常忽略了狗狗的不适。
有时狗狗看似和平时一样，实际上也可能潜伏着异常的征兆。
检查每一个项目，如果有一项引起注意的，就不要放任不管。
找宠物医生帮忙看看吧。

✔ 全身的检查

- ☐ 腹部异常发胀
- ☐ 皮肤中有硬块
- ☐ 体臭变得严重
- ☐ 散步途中需要坐下来休息
- ☐ 身上容易长跳蚤

✔ 皮肤和被毛的检查

- ☐ 用脚挠脸或耳根
- ☐ 头在地上蹭
- ☐ 一个劲儿地舔脚趾
- ☐ 眼睛和嘴周围的毛变色
- ☐ 皮屑特别多

✓ 眼睛和鼻子的检查 ·············

☐ 眼睛的黑眼仁部分变白

☐ 眼睛的眼白部分变浑浊

☐ 每天清理眼屎两次以上

☐ 鼻子干燥

☐ 一天到晚打喷嚏

✓ 牙龈和口腔的检查 ·············

☐ 牙龈肿胀

☐ 牙龈出血

☐ 嘴唇、牙龈、舌头的颜色不再是粉色的

☐ 口腔和口水发出异样的臭味

☐ 嘴里冒出泡泡

✓ 大小便和分泌物的检查 ·············

☐ 小便的颜色变浓

☐ 小便、大便的臭味强烈

☐ 有血尿、血便

☐ 耳朵里有又黏又黑的耳垢

☐ （雌性狗狗）阴部有分泌物、乳头有乳汁分泌等

吃出健康

有很多狗狗虽然没有得什么重病，

但是有这样那样的小毛病，

如眼屎过多呀眼泪过多呀、

经常腹泻呀便秘呀、

舔脚趾导致发炎等。

可以看成小毛病不用管，

也可以找一些快速有效的药或者治疗方法控制症状。

但是，这些都不能从根本上解决问题。

亲自动手给狗狗做饭，

让狗狗摄取足够的水分和营养素，

让身体内部的毒素呀废物呀彻底排出体外，

这些症状能逐步得到改善。

仅仅吃狗粮，

对有些狗狗来讲是不足的，

这也是事实。

本书中也多次提到，

给狗狗更多的选择很重要。

自己动手给狗狗做饭，

在互联网上也能找到很多食谱。

无论哪一个都是实践检验过的、狗狗主人的爱心食谱。

但是，互联网上也有不少没有科学依据的错误信息和谣言。

如何从海量的信息中挑出真经，是个难题。

如果在自己动手给狗狗做饭时有什么问题和担心，

可向专业人士咨询。

监修者

须崎恭彦

◎日本须崎动物医院院长　　◎日本宠物学院负责人
◎日本宠物食育协会会长　　◎日本九州保健福利大学客座教授

　　兽医，兽医学博士。1969年出生，日本东京农业大学农学部兽医学学科毕业。日本岐阜大学大学院联合兽医学科研究家（日本东京农业大学配属）结业。致力于"不依赖药物而改善体质"，以"不用药、不手术、不接种疫苗"为宗旨。

食谱提供者

　　下面介绍本书中为狗狗制作各种美食的宠物食育指导士。宠物食育指导士是在宠物食育协会考试中合格的、具备宠物食育知识和实践经验的人，而且活跃在各行各业。

　　有10年以上的宠物食育指导士经验。通过宠物食育入门讲座、2级认定讲座等讲座宣传和推广"放心、安全、方便且易于制作、可每天坚持做下去的狗狗饭食"。

◎日本宠物食育协会认定指导士
◎日本宠物按摩协会指定按摩治疗师
◎日本宠物按摩协会日本医学咨询师
◎国际中医药膳师
◎日本食生活咨询师

上佳裕子

河村昌美

不会做人类饭食的宠物食育高级指导士。传授不会做饭的人也会做的、超级简单的手做宠物饭食。也是一位很活跃的摄影师。

◎日本宠物食育协会高级指导士
◎日本宠物营养管理士
◎护师
◎摄影师

小林裕子

以确切的信息为基础，从不会做饭但稍微费点心就能完成的日常饭食到特别的日子里隆重登场的"豪华大餐"，创作了"我家汪的饭食"。

◎宠物食育高级指导士
◎二级爱玩动物饲养管理士
◎二级食生活咨询师

高冈machiko

在日本千叶县开办宠物食育讲座，教那些为宠物饮食而烦恼的宠物主人自己动手给宠物做健康的饭食。自己养有17岁、15岁的吉娃娃。

◎日本宠物食育协会认定高级指导士
◎日本女子营养大学二级食生活指导士

诸冈里代子

以狗狗高兴的样子和狗狗主人的笑脸为自己最大的快乐。是一家专门给狗狗做饭和菜的店——"汪汪咖啡俱乐部"的店长，制作并销售狗狗饭食类产品。

◎日本宠物食育协会认定高级指导士
◎日本宠物营养协会宠物营养管理士
◎日本健康兽医师协会认定健康管理师
◎营养士

关于日本宠物食育协会

日本宠物食育协会由日本须崎动物医院院长须崎恭彦先生于2008年成立。协会的宗旨是不分流派，学习宠物营养学、饮食有关知识，普及宠物饮食相关知识和信息，让宠物主人具备判断力，能自信地为宠物选择饮食内容。

图书在版编目（CIP）数据

和狗狗一起开饭 /（日）须崎恭彦监修；魏常坤译. — 北京：中国轻工业出版社，2024.6

ISBN 978-7-5184-3461-9

Ⅰ. ①和… Ⅱ. ①须… ②魏… Ⅲ. ①犬 – 食谱
Ⅳ. ①S829.2

中国版本图书馆CIP数据核字（2021）第063075号

责任编辑：付 佳 程 莹　　责任终审：李建华　　设计制作：锋尚设计
责任校对：晋 洁　　　　　责任监印：张 可

出版发行：中国轻工业出版社（北京鲁谷东街 5 号，邮编：100040）
印　　刷：北京博海升彩色印刷有限公司
经　　销：各地新华书店
版　　次：2024年6月第1版第2次印刷
开　　本：710×1000　1/16　印张：7
字　　数：100千字
书　　号：ISBN 978-7-5184-3461-9　定价：49.80元
邮购电话：010-85119873
发行电话：010-85119832　010-85119912
网　　址：http://www.chlip.com.cn
Email：club@chlip.com.cn
版权所有　侵权必究
如发现图书残缺请与我社邮购联系调换
241035S6C102ZYQ